天狗文庫

茶与美

〔日〕柳宗悦 著

欧凌 译

重庆出版集团 重庆出版社

图书在版编目(CIP)数据

茶与美 / (日) 柳宗悦著；欧凌译.
—重庆：重庆出版社，2019.1
ISBN 978-7-229-12360-4

Ⅰ.①茶… Ⅱ.①柳… ②欧… Ⅲ.①茶道－研究－日本
Ⅳ.①TS971.21

中国版本图书馆CIP数据核字（2018）第098917号

茶与美

CHA YU MEI

[日]柳宗悦 著 欧凌 译

责任编辑：邹 禾 许 宁 魏 雯
装帧设计：不绿不蓝
责任校对：李小君

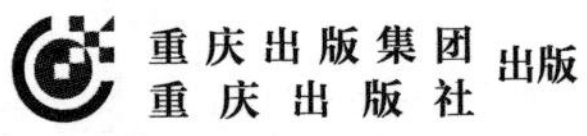

重庆市南岸区南滨路162号1幢 邮政编码：400061 http://www.cqph.com
重庆出版社艺术设计有限公司 制版
成都国图广告印务有限公司 印刷
重庆出版集团图书发行有限责任公司 发行
E-mail:fxchu@cqph.com 邮购电话：023-61520646
全国新华书店经销

开本：890mm×1230mm 1/32 印张：9.75 插页：2 字数：153千
2019年1月第1版 2023年6月第3次印刷
ISBN：978-7-229-12360-4
定价：59.80元

如有印装问题，请向本集团图书发行有限公司调换：023-61520678

目录 / *Contents*

陶瓷器之美

诸位读者大概是始料不及的吧，这个宗教哲学专业的我竟会写这样的文章。但我自身却是一直喜欢这个题材的。我认为这个题材能将一个亲切而美好的世界展现在诸位面前并能借此告知诸位，该如何尽可能地去接近美之神秘。对于陶瓷器所蕴藏之美的思考与情感的表述，就我来说并非不合适。选取此种题材，我必然不得不触及到美的性质。美到底有着怎样的内涵，究竟是如何表现的，而我们又该怎样去品味，这些都是一直催促我提笔写下此篇的缘由。因此，在阅读此篇过程中，诸位所见标题的奇异之感是会逐渐消失的。倘若我无法引领诸位来到一个不曾见过的美之世界，我是不会轻易选择此种题材的。

一

读者们对东方日常生活之友陶瓷器，平素是否曾留意过？正因为它们实在太过司空见惯，所以绝大多数人大概极少对其有所顾及。更何况近代在技巧与美上有明显的退步，可能连让人们对其感兴趣的契机也都丧失掉了。而与绝大多数人反道而行、对其钟爱有加者，反倒被当作了只是玩物丧志的可怜虫。

但这并非事实。在那些器皿之中，任何时候都饱含着无尽之美。人们的不曾留意与轻视，不正是告诉了我们现代人的心境是无趣而荒凉的么？我们千万不要忘记，那些器皿曾是我们最为亲切的朋友。我们不能只把它们当作物品。每日我们都在与它们共度着感恩的时光。为了给人们除烦解忧，所有的器皿都被塑造为更好的形态，都展示着更靓丽的色彩与花纹。陶工们过去都不曾忘记把美融入器皿之中，因为那些器皿将成为人们身边的装饰，成为养眼之物，还将柔化人们的心灵。其实我们在平素日常之中，已不知不觉间被其隐匿之美所温暖着。可当世之人在喧嚣与嘈杂中，还有余裕去感知么？我一直把这种余裕当作珍贵的时间的一部分，而不是将其归类于财力的范畴。真正的余裕，是生于内心的；仅用财富难以成就美之心。而正是美之心，才令我们的生活变得如此丰饶。

只要我们的内心是润泽的，在这个拘谨的窑艺的世界里，是能够找寻到隐匿的心之友的。不可以把这单单归结于某种兴趣，因为里面还藏有不可预知的神秘与惊叹。一旦对其有所感知，我们就能通过其美，来体味民族的情愫、时代的文化、自然的背景，甚至人类本身之美。将此单单归结于兴趣，是源于鉴赏者的内心匮乏，而并非是器皿自身的浅薄。如若要尝试着去接近，它们自然会引导我们逐渐进入一个深邃的世界。美好的，也是深邃的。我的宗教性思想，实际上也是因为有了它们才不断成长起来的。对于我身旁集聚的多件作品，我无法不对其怀有感恩之情。

陶瓷器之美，尤其在于其“亲切”之美。我们总是可以把这些器皿当作安安静静的朋友，置于近身之处。它们不会扰乱我们的内心，总是一如既往地在室内一角迎接着我们。只要挑选自己所喜爱的器皿就好。而器皿也在等待它的主人，等待着被放置到一个主人所钟意的能让其安身的场所。难道它们不就是为了让人观瞻而存在的吗？安静而沉默的器皿，内里必定藏有与其外在相符的情愫，我毫不怀疑那就是一种爱。它们有着美好之姿，而且是由心所生出的美好之姿。它们就是一个个楚楚动人的恋人。对于疲乏的我们而言，那是一种怎样的厚重无言的安慰啊。它们从不会忘记它们的主人，它们的美也是不会变的。不，应当说，它们的美是日渐增加的。我们自然也不可忘却了它们的爱，当它们的身姿吸引视线时，总会不经意地去触碰抚摸，而对其有爱者，必定会双手将其捧起。在我们注视它们的同时，它们似乎也在渴求着我们温润的手的感触。对器皿而言，主人的手一定跟母亲的怀抱一样温暖而心安。而不为所爱的陶瓷器，要么是冰冷的手所造就，要么是遭遇了冰冷的对待。

待我们能从其中感受到爱的存在了，便不由得会思忖陶工们究竟是如何用爱来造就的。我经常会想象一幅画面，陶工将一个瓷壶置于面前，正心无旁骛地把内里情愫注入进去。请试想一下这个瞬间吧，制作瓷壶的他与等候中的瓷壶，是那个世界孑然的彼此依偎的两者，而制作过程中杂念消失，壶因他而活，他亦因壶而活。两者间的爱是相知相通的。在这淡然流淌的情爱之中，美便浑然天成了。读者们可曾读过陶工的传记？把自己一生都奉献给真与美的实例可谓数不胜数。他们尝试了一遍又一遍，数度失败而后又数度奋起直追，他们忘记了家庭，散尽了私财，只一心一意投入到工作之中。这样的身影，让我无法忘怀。当见到他们柴薪燃尽，且再无余财，只剩栖身的木屋可烧之时，读者们的内心是怎样一种感受？在几度三番的忘我之境里，在捉襟见肘的重重困难中，他们却烧制出了那么多傲骄世界的作品。他们是真正投身于所爱之物的创作者，层层萦绕于作品之上的那些情热，我们怎可视而不见？无爱则无美，陶瓷器的美无疑是那些爱的表现。器皿是实用之物，若是仅以功利心去烧制，定会谬以千里。它首先应当是好用的，同时又是美观的。当超越世间功利的爱，填满陶工心胸之时，他才能制作出优秀的作品。真正的美好之作，是制作者在自我愉悦的过程中创作出来的。而仅为功利而作的器皿，是丑陋的，不堪的。只有制作者心净如明镜时，器皿与心才可以接纳真正的美。忘却所有的一刹那，即通达真美的一刹那。近世窑艺的那种可怕的丑陋，就是功利之心所导致的物质性结果。我们不能把陶瓷器单单当作一种器。与其说是器，不如说是心，而且是饱含爱的心，是可亲的满溢着美的心。

读者应当透彻地了解那些美到底是怎样生成的。陶瓷器的深邃，经常是科学或机械式的冰冷做法所无法企及的。美总是在不断地寻求着回归自然之路。烧制更为佳美的器皿所用的仍然是柴薪，即便在今日。其他任何人为的热能都无法烧制出柴薪所给予的柔软。辘轳也在寻求人的更为自由的手与足，而机械的均等运动无疑是缺乏生成佳美之形的能力的。研磨釉子以求最美的效果，还是得依赖人手的不规则运动。单调的规则成就不了美。石、土、色等也都是以天然之物为最佳。近世化学所赐的人为染料到底是如何的丑陋，你我都心照不宣。我们在朝鲜、中国经常见到看似不伦不类的辘轳。但这样的辘轳却正是自古以来生出自然之美的摇篮。科学可以找寻规则，但艺术谋求的却是自由。古人们不会化学，仍然造就了无数佳美之物。近世之人会化学了，可又缺失了艺术。制陶之术尚在被不断地精细研究，但化学却还未能充分造就出美来。这是一种未完成的状态，我自然不会因此而对当今科学加以毁谤。但科学工作者们还是应当对科学的局限性有一个谦逊的认识。相对的科学，也是无法侵犯终极之美的世界的。科学应是服从于美、奉献于美的科学。待心不再支配器械，而被器械所支配时，艺术就将永久地离我们而去。规则也是一种美，但不规则却是艺术之美的一大要素。所谓绝美，大概就是这些要素完美地调和统一在一起时生成的吧。我认为不规则中的规则是最大的美。不包含不规则的规则，只是机械而已；而不包含规则的不规则，只是紊乱罢了。（中国与朝鲜的陶瓷器为何那么美，就是因为其内里流淌着不规则之中的规则，与未完成中的完成。日本的多数作品总是苛求完成，所以时常会失了生机。）

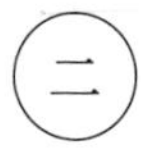

借此机会，我想就形成陶瓷器之美的种种要素，给诸位稍作分析。窑艺也是一种耗费空间的雕塑性艺术，是具有容积、纵深等所有立体表现性质的一门艺术。而窑艺的造型之美，其根本要素毋庸赘言，就是“形”之美。贫瘠之形，于利、于美，都无法成就佳美之器。浑厚的圆、锋锐的角、肃严的胴体，这些都是形之变化而生出的美。陶瓷器里不可或缺的安定特性，也是源于形之力。形，一直是确凿而庄严的美的基调。在这点上尤为杰出的，毫无疑问是中国的作品。在形上，中华民族有着最为丰富的经验与最无可动摇的成就。中国作品之中的形之美，不由得让人想起肃严的大地之美。强大的民族在其心中能够托付的，不是颜色，亦非线条，而是有体量的“形”本身。正如温厚的中国儒教一样，大地的安定形态就是这个民族所追求的美。或称端庄、或称坚实、或称庄严，这些强大的美都是因形而生出的美。

读者是否曾亲眼见过在旋转的辘轳之上，用人手造就形态的那个神秘场面？不过，与其说是手的功业，不如说是心的功业。陶工在刹那间，体会到了究竟什么才是真正的所谓创造。美的触发是不可思议的，心的功业亦是微妙的。在形上，极细微的变化将导致美与丑的分道扬镳。得一个佳美之形，是一种真正的创造。卑下之心是无法造就丰润之形的。就如同水随着器皿之形的变化而变化一样，器皿之形会随着心的变化而变化。在我看来，那应被称作大地之子的强大的中华民族，就是大地之上肃严之形的美的创造者。

立体世界里的窑艺，也是一种雕刻，从中也能看出雕刻法则来。陶瓷器所呈现的美之形，难道不正是因为人体之美的暗示么？当人体所藏的自然法则，在窑艺里也得到遵守时，器皿也就成就了自然之美，也就活了过来。请试想眼前有一个花瓶，微微向上的开口便是头部，此处可见到美丽的脸颊，或许偶尔还能看到俏露在外的耳朵。其下便是细长的颈部，跟人体的脖颈一样漂亮。脸颊至脖颈的优美线条延续到肩部，足以让人联想到人的身姿。器皿最主要的部分便是胴体，这里通常有丰满而健硕的肌肉。若是少了胴体的肌肉，器皿大抵是难以立足的。这也与我们的肉身一样。陶工有时还会在肩下添上两只手。另外还有脚，即台座的部分。好的台座可以保证器皿在地面上的安泰。我的这种看法并非牵强附会。就跟人体遵循安定法则伫立于地一样，花瓶也同样要遵循这个法则，让安定之位与美在空间盛开。我还会经常由器皿的瓷面联想到人的肌肤。一个瓷壶就是一尊人体雕像，而正是这样的思考，让我更加接近了美的神秘。器皿里有着鲜活的人形之姿。

其次我要阐明一下有关陶瓷器构成的两个重要要素。一是“材质”，一是“釉子”。

材质是陶瓷器的骨与肉，一般分作瓷土与陶土两种。前者瓷器是半透明的，后者陶器是不透明的。器皿的各种类别，都是这两种材质单独使用或结合变化所生成的。柔和、锋锐、温厚等感触，大都是材质的作用。喜好肃严、坚固、锐利的人，大抵是爱瓷器的；而偏爱情趣、温和与润泽之人，或许更喜欢陶器。石质的坚硬与土质的柔软带给我们两种全然不同的器皿，如明代的瓷器与我们的乐烧[1]，便是最好的对比。生长于严苛环境中的大陆民族，喜好把坚硬的瓷土放置在高强度的炽热之中加以烧制，于是造出了那般锋锐的瓷器。而新兴岛国爱好喜乐的民族，就把柔和的黏土置于相对温和的热能之中，于是造出了温润的陶器。自然总是民族之美的母亲。在文化繁荣鼎盛的宋朝，所有一切都臻至调和之美的那段时期，陶与瓷也完美地结合在了一起。那个时代的人们，喜好把石与土掺和着使用，于是产生了强与柔的融合，终至合二为一。这不得不让人感慨，是自然的绝佳的调和，成就了那般恬静温和的文化。

而与材质密不可分的则是釉子，那是器皿的外装。有了釉子，器皿才能透过时而如水般澄澈、时而如晨雾般迷蒙的肌肤，向我们展露出其胴体的美好。正是这肌肤的润泽，给器皿之美增添了最后的一道风情。透明、半透明，抑或不透明的釉子，给器皿披上一层光泽，或者平添一种厚重的气韵。这看似雷同的玻璃体，却暗藏着无限的变化。诸位可知，那些玻璃体曾经来自于草木之灰？曾处于

①乐烧：是一种不使用辘轳而直接用手捏成型后，以750—1100℃高温烧制而成的软质施釉陶器。

死亡之态的草木灰，因火与热而化身玻璃体，但仍保持着草木的个性，最终成了釉子，成了各种各样器皿的外装。此过程难道不令人感觉颇为有趣吗？陶瓷器之美并不仅由人来造就，自然也是其美的守候者。

既然谈到了作为器皿肌肤的釉子，就必然要对其呈现的“面”之美多说几句。我认为这是生成器皿之美的要素。光泽度的不同，让人有或锋锐或温厚的感觉，这都源于面的变化。我经常可以从中感受到脉搏的跳动。不能把它们当作冰冷器皿，其面下的内里也是有血有肉有体温的。当见到佳美之作时，我总止不住地要用手去触碰，器皿之面也总是在寻求着手的温暖触觉。比如那些优秀的茶器，不就一直在等待着唇的触碰、手的轻抚么？陶工从不曾忘却情感，他们的深层用意，我不能视而不见。

另外，面之美带给我们的不只是触觉。面与光的融合，还能得到最为强烈的视觉效果。所以应当留意器皿所置放的场所。面，对光的感触是敏锐的。安静的器皿需得放在安详的光线之下，才能让心归于宁静，从而体味到沉寂之美。若器皿本体的表层是强有力的面，则绝不应该将之放置于光线阴暗之所。面在阴影之美的作用下，会让器皿更显淋漓尽致。

与面之美相关的种种因素有形状、材质、釉子等，但最为决定性的因素之一是烧制方法。其实，面的秘密就在于釉子的熔化状态上。大概在制陶之术上最为神秘之处，就是所用之火的性质。热度的高低自不必说，其他还有流动的强弱、火焰与烟的多寡、时间的长短等，另外燃料的材质以及不可预期的各种原因，都能决定器皿的美与丑。尤其是“氧化焰”与“还原焰”的区别，左右着面与色的特质。若是做个笼统的概括，宋窑与高丽窑就属于后者，明窑则更多地是前者。烟能使之静，焰能令之湛。还原焰让美内敛，氧化焰让美外现。在这不烧尽、不残存的“不来不去”之境里，暗藏着面之美最深层的神秘。不只是面，色彩的美丑也是由热度的高低等所决定的。

下面该轮到讲述“色”之美了。陶瓷器在色彩上也必须是美的。迄今为止，因材质与釉子的特殊性，色彩最为美丽的要属白瓷与青瓷。其美让我不得不认为那是瓷器之色上的顶峰。我最喜欢的是“天目①”的黑与“柿②”的

①天目：天目茶碗，以黑釉闻名。天目一名来源于浙江的天目山，宋代来此留学的日本僧人归国时所带回的黑釉茶碗，就被命名为天目茶碗。

②柿：柿右卫门，是伊万里烧（即有田烧）的样式名称。十七世纪由初代陶工酒井田柿右卫门所创，至今已延续至十五代。所制瓷器多为白瓷底的色绘瓷器，色彩极佳纹饰纤细。初期以赤绘闻名。

褐。这些单纯而拘谨的色调才是最让人惊异的美的使者。千万别以为黑与白只有一种颜色，觉得太单调无趣。其实白也是各种各样的，纯白、粉白、青白、灰白等等，而且都能呈现出彼此各异的心之世界。如果能明了这些至纯之色的神秘，那么人大概就不会再去奢求更多的色彩了。随着追求美之心的精进，人最终是要回归这些至纯之色的。要得到上好的白与黑，极难。这不是单一之色，而是一个最为深邃的色彩世界，包含了所有的色彩。这里有素雅的大美。

陶瓷器所用的颜料，最容易让人记起的是钴蓝釉，即所谓青花瓷的蓝。中国人给起的“青花”之名甚好。明代的钴蓝釉，大抵是永远也无法跟瓷器分离的一种调和之色了吧。那让人感觉完全是元素之色，是越接近于自然便越显精湛的一种美。如烟云笼罩，色调内敛，于是美得更为深邃。而化学所制的那种花哨的蓝，简直是在扼杀美。那不过是人为的单色罢了，在自然面前却是不纯的。而之所以不美，是因为缺失了自然的加护。我其次喜欢的是铁砂、丹砂之色。前者让美更坚强，后者让美更可爱。铁砂适合奔放开阔之性，丹砂更添楚楚可怜之风。

待所谓五彩的“赤绘”现身，使色彩更丰富多样，这才尽显了陶瓷器的婉丽之美。喜爱绚烂之美的人必定是不会忘记赤绘的，这里甚至会添加绘画的要素进去。中国在彩绘领域依然是独占鳌头。那些锋锐而肃穆的绚烂，除了他们谁能画得出？不过要说到温和、爽朗、愉悦，恐怕还是日本之色更吸引人心吧。日本彩绘里，有着岛国温顺的自然之色。我们习惯将之称作“锦手”，因为那是像绫锦一样美丽的色彩。但若是对色彩太过在意，虽华美却不免失了生气。奢华之物是难以永久存活的。日本的赤绘最上乘的要属古九谷①。

在谈及色彩时，必然也会牵涉到“纹样”。纹样并非陶瓷器必不可少的要素，而且还需在用纹样增添美感时有所注意。窑艺在其立体属性上是跟雕刻相近的，添加纹样则又增了绘画的意味，于是令器皿更美。遍览从古至今的作品，纹样越来越复杂，色彩越来越浓厚。但这只能说是美的堕落。真正的纹样无须如此繁杂的画风。纹样在这里，必须是一种装饰性价值的存在。正确的装饰艺术，总是有着象征性意味的，而象征并非叙述。繁琐而无益的写实只能葬送隐匿之美。要让心深深沉浸在美的世界里，纹

①古九谷：九谷烧是日本彩绘瓷器代表之一。其中，江户时代前期制作的瓷器被称为“古九谷”，也是九谷烧的起点。

样即便只是两三个单纯的笔致，也已足够。正如绘画的基础在素描里一样，当纹样有了素描的生气之时，便最为美好。若要从复杂的图案里寻找出优秀的纹样，估计难度颇大。在与自然最为亲近的古代，只存有至真至纯的纹样。比如宋代的白瓷青瓷上常见的梳纹之类，便是纹样中的纹样。此纹样没有借用任何色彩，也并未明确地画出什么来，但在自由自在、栩栩如生的象征性美上，至今还鲜有被超越的。那些奔放的刷痕，可谓是托付于自然的纹样。古人用单纯的纹样深化了器皿之美，但近代人却在复杂的纹样中杀死了器皿。我常可见到只要去掉纹样就可以变得很美的器皿。无名之人所做的最为普通的器皿之中，却经常出现优秀的纹样，大概是因为制作者并无画工的意识，只心无旁骛率性而画的缘故吧。另外还常常见到一些传统纹样的优秀墨迹。这大抵也是因为并无制作者的自身作为，而仅仅在单纯运笔的缘故吧。日本著名的陶工们是最清楚纹样意义的，比如创作出许多丰富纹样的颍川，以及初代的乾山等。他们的笔端之下，流淌着自由。

其次我想探讨的是“线”之美。或许离开形的外廓或纹样，是难以单独探讨线条的，但我总认为线是有其独立意味的，特别是朝鲜的陶瓷器。这个民族用以寄托心之美的，不是凛然之形，也非喜庆之色。那些长而细的曲线才是与之相称的心之表现。谁都能从那些如倾如诉的线条中读出不轻易察觉的美好情愫来。那些器皿，与其说是确实的形体，不如说是流淌的曲线更为接近真实。它们并非站在地面休息，而是一种飞离地面、憧憬天宇的姿态。这些剪不断的细长线条，究竟在倾诉什么？其实是在向我们展示其孤寂之美，在以憧憬之心催取眼泪。活在线里的器皿，是情之器。

在器皿如此众多的美之要素之外，我认为还有一种紧要的美的成分。那就是由“触致[①]”所引发的美。当器皿将其命运交付于辘轳之上时，指尖所传导的触致起到了至关重要的作用，这是对人之感觉的写实。茶器之类崇尚情趣之物，对触致的保存尤为重视。不借用辘轳则更是如此。陶瓷器是触觉艺术。而触致，则会通过“削刨”增添新的风韵。刀的接触常常会带来强烈的放纵不羁的雅致。一个优秀的陶工，不会扼杀这种自然馈赠的触致之美，所以佳美之器的面上，总是留有触致。不，应该是正因为留有触致，所以器皿才更美。若是加工得过于光滑过于完

①触致：指的是在陶瓷制作过程中，因手指、工具等的接触而留下的痕迹。

美，反倒会失了生气。我在“注入”这样的方法上也能找到自然所赐的温和触致，也时常思忖，茶人定是会在茶器底座上寻找隐匿的触致之美的。

无论纹样还是线条，都必然需要触致。笔端毫无踌躇任其自然游走，美便能够上升成为自然之美。这种美并非作出的美，而是生出的美。上好的触致里，藏有自然而微妙的摇曳。若是放过了这种摇曳，美便不会再度重返陶工之手。所以在手法的运用上不允许有丝毫的犹豫，哪怕只有一点点的狐疑，也会从器皿上把美夺走。若是再经历两次三次重新削刨，反复逡巡，器皿之美只能烟消云散了。优秀的陶工对这种摇曳总是不轻易放过的。一切都任其自然，以至忘我之境时，美便被握在了陶工的手中。

通过以上种种所构筑的整体之“味”，便最后决定了器皿命运，或美或丑。这是难以言表之味。即便技巧极尽精湛，形态与釉子极尽美观，若是失了味，终究是枉然。气度、深度、沉静、润泽等一切都派生于隐蕴着的味的力量。味，是内里之味。当美暴露在外时，味便淡了；当其隐蕴于内里时，美则更为深邃。“味”即“隐蕴”。美无尽地向内里隐蕴，所以才有无尽的味源源不断流出。上品之味，是不会令人厌倦的。那是无法追逐的无限的暗示。

味，是象征之美。把美挂在外表的器皿，是无味之器，所展示的只能是肤浅的美。而上品之味，是“层层包裹之味”，所以美往内里潜得越深，其味便越是极致。而这种隐匿的美的极致，通常被称作“素雅”。其实，所有的味，不都终究会归于素雅的么？素雅是一种很玄的美。若是借用老子的惊人之辞，便是“玄之又玄”。玄，是一个隐匿的世界，一个秘而不宣的世界。素雅便是玄之美（一般来讲，这便是把美隐蕴于内的手法。就火焰来讲，氧化焰与还原焰相交者；就火势来讲，与其过强，不如较弱者；就色彩来讲，与其华丽绚烂，不如谦恭的单色调；就釉子来讲，与其全然透明，不如有稍许黯淡者；就材质来讲，与其太硬，不如稍微柔和者；就纹样来讲，与其纹路繁多，不如寥寥数笔者；就形来讲，与其错综复杂，不如单纯有致者；就面来讲，与其滑而光亮，不如静好的光泽内敛者更有味）。

形之器，是心之器。也即是说，一切总会回归陶工内心的。素雅之味，是素雅之心所生。陶工的创作是一种自我忏悔的过程。无味之心，显然创作不出有味之器。而若是心浅薄卑下，也不可能有更深刻的创作。就跟进入宗门者，必须要经历持戒涤罪的阶段一样，陶工也只有在洗涤心灵之后，才能抵达美的宫殿。不能把器皿仅仅当作一种物，因为与其说是物，不如说是心。在其显现的外形之下，充溢着看不见的心。或者也可以说，那是看不见的心的外在表现。虽然其名曰器物，但其实里面有着心的呼吸。那绝不是冰冷之器，而是被心温暖着的。在默然中，那里有人的声音，也有自然的耳语。器皿的深邃，便是人之深邃，是性情的洁净。而后再通过拥有者丰富真实的生活，酝酿出真正的深邃来。或者像古人那样，通过法之自然的那颗心，把无尽之味渗透到器皿之中去。

一种永恒之美，是被自然之力所守候的。自然的信仰丢失时，是无法造就佳美之器的。只有对自然的调和，才能成就自己成就美。所谓把自己交与自然，指的是活在自然之力中的意思。在将自己奉献给自然的一刹那，便是自然降注于自身的一刹那。优秀的陶工是对自然充满虔敬的。即便只有丝毫的疑惑，也将成为对自然的亵渎。就跟宗教家不能有丝毫的怀疑一样，陶工的踌躇是致命的。假设他正在一个器皿上作画。若是没有对自然的信仰，或者无法将自身托付于自然，那他的笔端究竟该如何游走？那些丑陋的线条，不正是踌躇心怵的结果吗？笔端能够游走，正是因为有与自然的调和。若是不顺其自然，去着意作为，则笔端便会轻易止步。所以对技巧的过度追求，通常会夺走器皿的生气。技巧就是一种作为。当超越作为，适应自然的瞬间，也便是美所生出的瞬间。佳美的纹样总是画就于无心与自然之中的。所有深刻的思想者，都如赤子一般对心充满了热爱。无法进入无我之境者，便无法成为优秀的陶工。所以并非只有宗教家才活在信仰中，陶工的作品也是信仰的表现，其丑因于疑念。

三

上文用了大量篇幅描述陶瓷器之美在造型上的各种性质，现在想举一些实证来进一步阐述。这样可以更加具体地让读者能感知那些美。

我对宋窑尤其喜爱。在那个古老的年代，窑艺之美已臻至极致实在令人惊叹。当观瞻宋窑作品时，总是有一种切身观瞻绝对之物的感动。让人觉得与其说是器皿，不如说是美的经典。我们可以从中汲取终极的真理。宋窑在向我展示其无限的美的同时，也赠予了我无限的真理。到底是因着什么，宋窑才能有如此高贵的气韵与深邃之美呢？我认为是因为这种美表现了“一”的世界。所谓“一”，不正是那位温和的哲学家普罗提诺也解释过的美之相吗？我从未在宋窑上见到分裂的二元对峙的情况。宋窑从来都是刚与柔的融合，是动与静的交融。在唐宋时代那些被深层挖掘的“中观”、“圆融”、“交融”等终极佛教思想，就那么无造作地被表现出来了。即便当今也无法分作“二”的“中庸”之性，不也正存于宋窑之美中吗？这绝非我一个人的空想。试着捧起一只器皿吧，首先能看到的是瓷与陶的交融。而且既不多倾向于石，亦非多倾向于土，两者竟是完美融合在一起的。是“二”，却又不“二”。除此之外，器皿之美还托付在了不烧尽却又不残留的不二之境里。其面，总好像是显现出的却又仿佛是暗藏着的，是内与外的交融。在色彩上，是明与暗的结合。大概烧制宋窑的热度为一千度左右吧，不用说这正是陶瓷器所要热度的中庸之数。我在思考“一”之美时绝对会想到中庸之道。那展现的是一个圆，有着中观之美。我认为这种特性，是宋窑能成为永恒之美的因素。静谧与沉稳，暗藏于内。但若是我们的心乱了，便无法体味宋窑之美。（我觉得这个世上最美的作品全部都有着相同的性质。高丽时期作品自不必说，朝鲜的三岛手、波斯的古代作品、意大利的花饰彩陶、荷兰的代尔夫特，还有英国的施釉陶器，大抵都有近似于宋窑的材质与热度。我所喜好的古唐津、古濑户等也该归于这一类。我在陶瓷器方面，对这些器物性质几乎没有任何学识，但这并不妨碍我从其所展现的美中，看出明显的共通性来。）

我每次想起宋窑之美，就会自然想起那个时代的文化。宋是唐代人文的延续，是唐代文化臻至纯熟的时期。那个时代是东方文化的黄金时代。宋窑是时代所生，无论其后的哪个朝代，都可以再次通过器皿去体味宋代的圆融与交融的文化。所以每当看到今日那些丑陋之作，我不得不对我们的时代心存戚戚焉。以陶瓷器闻名的日本，究竟要何时才能扳回正当的名誉？时代催促着人们该行动起来了。

一个国家的历史与自然，决定着其陶瓷器之美的方向。在那个有严寒酷暑，亦有大漠荒烟的巨大的中国，出现最为刚强伟大之美，是时代必然的命数。从宋到元，再从元到明，美发生了新的转向。明代实际上是瓷器的时代。所有器物都锻造得更为锐利更为坚固，从而又恢复成一个极端对其他一切的支配上来。从明窑里见不到宋窑的那种温润之味，一切美均被锋锐所支配。明人把坚硬的石头放在极高的热度下煅烧，其后还用相应的深蓝在其上画出各种各样的画来。画中那些极细的笔触，都留有铁针般的锋锐。这不得不让人惊叹那些坚固的材质、强烈的色彩与线条到底源自何处。为了把这些永远伟大的瓷器作为人类时代的纪念，瓷器背面都有明代年号“宣德”、“成化”、“万历”、“天启”等鲜明的钴蓝釉标注。

中国是一个伟大的陶瓷器之国。不过一定会有人认为那种美太过强硬，力道太过威严，甚至觉得难以接近。若是从中国转道进入朝鲜，便会感觉仿佛进入了一个全然不一样的世界。若是把前者比作君主之威，那后者就是王妃之趣。激荡的夏之光，转作了萧瑟的秋之美。自然也随着大陆到半岛的迁徙而转化。

高丽之作最初确实是有宋窑的影响，但无疑其自身也存在着不可冒犯之美。在我们看来，此种美便是更为诱惑人心的一种魅力。这种美，吸引人心的优雅姿态甚是煽情，从不曾有丝毫的强硬，但却凛然自若不可亵玩。这是在等待心的到访，在憧憬爱的倾注。大概谁都会在观瞻其姿的同时，能感觉到恋情滋生的吧。器皿正是把自身的情，封锁在了那些长长的线条里面。我不由得将其捧起，在随风荡漾的柳条阴影里，两三只水鸟正静静地织着波纹，周遭有新生的水草刚刚浮出水面。这些景象，都在静寂无声的一片苍翠中悄然浮现。而后，我又眺望别处，只见在高空的朵朵白云间，有两三只白鹤正展翅翱翔。如此这般，此世之外的梦之象，就这样接二连三出现在眼前，因为，那些都是心之作。虽然自己也不明所以，但在见到那些景象时，心中总是凄然的。那些流淌的曲线一直都是悲戚之美的象征。我难道不正是通过这种美，用心听到了这个民族的倾诉么？不间断的苦难历史，让他们把心寄托在了这种美上。

线即是情。我没有见过比朝鲜更为凄美的线条。那亦是浸润人之情的线。朝鲜在其特有的线条上，保持着不可侵犯的美。在其面前，任何模仿任何追踪都是毫无意义的。而这种线与情的内在关系，无法人为地一分为二。线之美，实在是敏锐而纤细的。若是有一分的增减变化，其美大概便会即刻消亡的吧。我希望有一天能让大家都去李氏王家博物馆参观，那是真正的美的宫殿。到访后的所有人，大概绝不会对这个民族再度刀刃相向的吧。

在谈了一番高丽之美后，我想再说说时代延续下的作品。正如宋窑转作明瓷一样，朝鲜曾经的高丽之风也仿若摇身一变。随着一个新王朝的诞生，自然有了新的力量与风韵。明朝给瓷器增添了锋锐之美，朝鲜在新生之时的美也是很显然的。史学家们都认为朝鲜没有可称为艺术的艺术。但至少在陶瓷器领域并非如他们所言。我经常发现一些伟大的高丽之作，且无其他可以比拟。这些作品有两个显然的特点我想阐明一下。至少在陶瓷器上，朝鲜并未曾模仿明瓷，这是一个极为显著的事实。无论在形、线，抑或釉子上，都展示着其特有的美。尤其是面上所画的纹样，是真正独特的纹样。我注意到，朝鲜之作与高丽时代相反，其美是朝着一个新方向拓展开去的，最终形成一种更为靓丽更为独立的风韵。直至唐宋时代，朝鲜文化几乎从不曾被当作一种独立的文化，但当其从高丽转作朝鲜后，朝鲜终于成了其自身的朝鲜。与大国间的关系大概是不允许其政治完全独立的吧，但在民众生活上、民俗工艺上，那是一个明显自主的时代。至少在陶瓷器领域，这种自主是可以确信的。

第二个特点是需要我们更加注意的重要特点。伴随所有时代的衰亡，技巧会更加纯熟精巧，纹样更加复杂多样，于是美便会逐渐失了生气。但我们却能发现，朝鲜作品是完全的一个例外。我现在经手的陶瓷器，便是无以否认的事实。形，更为雄大；纹样，更加单纯化；手法，渐入无心之境，在新的美之表现上有着极为惊人的效果。我们能在那些轻描淡写毫无造作的笔触里，遭遇真正的生命之美。一只鸟、一枝花，或者一束果子，便是他们所选的朴素纹样。而所用颜料也只是钴蓝、铁砂与少量的朱砂罢了。中国与日本常见的那些绚烂的赤绘，在朝鲜之作里全然见不到踪影。时代所追求的是顽固的、单纯的、朴素的美。这种大胆的去繁就简手法，跟石材一般给人以坚实而雄大之感，甚或有擎天柱之感。我们需要注意朝鲜作品里添加了直线的要素，形状、色彩以及纹样，所有都是率直的。随着时代衰亡，手法却回归于最初的单纯。这个事实在近代艺术史上是一个尤为异样的特例，让人兴趣盎然。在这些单纯的手法之中，我们不能忘记里面藏有这个民族的情。虽然没有了高丽那种纤细之美，但因此而苏生的新的美却决不可任由丢弃。正如所谓三岛手①那样的美之顶峰。一切伟大的美，难道不都是单纯的吗？由此感受到的生机盎然的朝鲜之心，让我欢喜。在那些作品里，我们都能无心而率直地触碰到这个民族之美，从而欢喜。

继中国、朝鲜之后，我自然应该再谈谈日本的陶瓷器。在窑艺之术上虽受邻国影响极大，但日本仍然巧妙地用自身的情感让美更显柔和。大陆到半岛，再从半岛到岛

①三岛手：高丽茶碗的一种。灰色质地，纹样呈结绳状。

国，自然在变。大概旅途中的人们都能意识到吧，岛国之上山峦悠缓，河流静谧，气候温暖，空气湿润，草木滴绿，花色争妍。而周遭都有大海的守护，历史上从未有过外敌的侵扰，岛上的人们喜乐安然。在追求美的心之余裕上，能超出日本这个民族的极少吧。因此，在心之象的器皿之美上，没有中国那样强悍的美，也并无朝鲜那样凄然的美。色彩是快乐的，形态是优雅的，纹样是柔和的，线条是静寂的，所有一切都显得那么温和。就连坚硬的瓷器，在日本也披上了一层柔和的外衣。比如中国天启年间的赤绘，到古伊万里的彩绘，其变化与不同是何其明显。在享受这种平静温和的美的过程中，人们的爱必然会由瓷器向陶器转化。我们终于用柔软的土烧制出了另一种别样的器皿，从而更为舒心地享受这种温和而静寂的美。其名曰“乐烧”，确实名副其实。所有的器皿都是日常替我们增添喜乐之物。当把柔美温和的器皿双手捧起时，当嘴唇碰触到时，一种愉悦静好之情，是能从心底里去体味的。不过，与此同时是有弱点滋生的，“乐”通常会止步于趣味。

岛国是情趣之国。除却漆器之外，聚集民众所爱的其实就是这些陶瓷器。与其说人们是在使用器皿，不如说是在享受器皿。大地之上有那么多国家，但如我们日本人那样在陶瓷器上极尽享乐的民族大概不多吧。即便现在也与曾经其实并无太多区别。当情爱渐浓，器皿便成为倾注的对象。尤其当窑艺被提升至一种艺术后，当这种意识更为鲜明之时，陶工们便开始各自寻求开拓自身的艺术世界。中国或朝鲜过去几乎不曾有过的个人创作者，开始在日本出现。人们开始深切关注作品到底出自谁之手。时至今日已经有许多天才崭露头角，他们的传记与作品已成为我们永远的遗产。

然而日本作品中有一个共通的缺点，就是太过注重趣味性。创作者丧失了曾有的无心与无邪，太过做作，太过追求技巧，以至于与自然背道而驰，扼杀了美与力。色彩花哨而羸弱，线条绵密而堕势，缺少一种可以寄托的能让思想游走且不做作的奔放而自然的雅致。我们总是有一种追求完美的执着，经常会加大火势，把形状整理得极为规范，纹样也作得过于纤巧绵密。尤其注重外在之美，却缺少内涵韵味的注入。乐烧里也经常有畸形粗糙且装模作样的成品。太过做作，是对美的杀戮。在无心而朴素的古代，器皿无疑是更为美好的。比如九谷或者万古那些古代作品，都是极美的。可时代变迁所带来的，却是美的淡化与丑的增多。

单纯、直率等都属美的范畴，但通常会被误认作幼稚、平凡等。然而无心并非无知，朴素也并非粗杂。最小限度的作为，便是最大限度的自然。忘记自我的那一刹那，便是明了自然的一刹那。反之若是沉溺于技巧，过多作为，则自然的加护便会舍其而去。人工追求错杂，自然崇尚单纯。作为是对自然的怀疑，无心是对自然的信仰。单纯并非匮乏，而是一种深度、一种力度。繁杂也并非丰饶，只是一种贫瘠、一种羸弱。无论形或色，抑或纹样，至纯，则至美。这便是我所学到的艺术法则。（在此我要着意添加几句。若承认单纯是美，却又挖空心思去追求单纯，则容易再次陷入故意作为的陷阱。挖空心思去追求的单纯，已经离单纯很远，其美只能是浮浅的美。）

至此为止我论述了一个观点，至纯且无心的心，才是美的创造者。最后想拿一段陶瓷器的插话来作为本篇的结尾。这也是从器皿中学到的智慧之一。

不知诸位有没有注意到所有器皿的底座？底座总是接触灰尘污垢最多的地方，但几乎所有的底座都藏有创作者的心。因为创作者在此表现的总是创作者自身。底座是被藏匿的部分，所以一般不会过多地添加作为，所以是留有自然最多的部分。大概创作者在创作底座时，才是一种最为无心的状态。正因为远离作为，拥有自由，所以底座通常能成就清新的自然之美。特别是中国与朝鲜的作品，让我们观瞻到了无数令人叹为观止的底座。毫无造作的自然，创作出了雅致。那些没有任何修饰的底座，有一种异常强健的美，若是用画来打比方，那就是来自素描的力量。在这种力量下的器皿，最为安定。器皿之美因底座而变得更为确实。日本作品通常因为追求完美而嫌弃无造作，所以底座多显贫瘠。民窑虽有不同，但还是甚少能发现强健之美。无用的绵密，只是对气势的杀戮。这大抵也是日本作品中共通的弱点。那只留铭"鹰峰"的光悦[1]茶碗，正是以弱为美的特例。

所有对"味"尊崇的人，都非常喜爱这种包裹着美的底座。这在烧制茶器上表现得最为明显。日本作品中对底座最为聒噪的便是茶器。创作者总希望在此留有触致之美，希望能把奔放、自由、细腻之味融入到底座的小小空间之中。在这个多被忽视的隐匿之处，总让人感觉一种因

①光悦：本阿弥光悦。是江户时代著名的画家、书法家、漆器革新者、陶工、刀剑鉴定家、林园设计家和茶道爱好者。光悦对后世的日本文化影响极大。

心的作用而潜藏的无以言明之美。但是，当刻意去追求底座之味时，反倒会再度沦落为丑陋之作。无论怎样，陶工的心之状态的告白，会切实留在底座之上。底座通常可被当作作品价值判定的一种神秘的标准。

产生美的同一法则，在其他例子上也能得到验证。诸位在手捧器皿之时，如果有细细体味其纹样的时候，请留意一下其里面的纹样。不可思议的是，几乎所有的纹样，都是内里比表面所画更美。可能只是单纯的一两枝草花，或者两三根线条与点。但其笔触之灵活，心之自由，且毫无踌躇之感，让人不得不流连再三。我感觉艺术上的奥义就在于此。表面所画之物，是因为要将美展示于人，所以创作者会对鉴赏者在心中有所准备。但当画完表面，想在内里也添加几笔时，创作者的心便归于安宁、无心与自由。毫无造作的自然之美，就在内里绽放开去。所有线条都是任由流淌，纹样怎么可能不生动美好？这便是器皿里所藏匿的一个意味深长的插话。

我几乎不知道陶瓷器的正确历史，也不懂化学，但我的心总是日夜被其美所温暖着。当我眺望其姿时，会忘掉自我甚至超越自我。而且这些静谧的器皿，常常将我带到一个真理的国度，让我能从容思考美的意义、心的追求，以及自然中所层层包裹的秘密。对我而言，器皿是信仰的表现，有着哲理的深度。我不能对出现在我面前的这些美视而不见，也无法把美所带来的喜悦悄无声息地埋葬，所以尽管此篇感想贫瘠，但若能借此把我的心与众人分享，亦是无上的欣喜。

作品的后半生

序

作品有两段生涯：被创作出来的前半生，以及创作之后的后半生。经创作者之手而成长的前段，与离开创作者到达使用者手中的后段，其历史是有变化的。我在此想讨论的是器物的后半生。

创作者背负着器物前半生的使命。创作的目的是什么，如何能更好地创作，该有怎样的性质，适合什么样的材料，需要怎样的技术等等，要正确创作一件器物，是离不开对这些问题的考量的。器物诞生的责任，是创作者所肩负的，而且还会被周遭的社会所问责。

但器物的性质，并非就是在创作当初便决定下来了，这与其后半生息息相关。

器物在周围观瞻者、购入者、使用者等的聚集中开始了它的第二段生涯，它的后半生决定于它的选择者。有选择它的人，就有了它存在的意义。它不是自身成长的，而是被养育的。谁才能成为它的好的养育者呢？有三个人的力量在里面：一人是所见者，一人是所用者，一人是所思者。它的后半生就这样被托付给了这样的三种人心。若没有这三种心，器物是活不下来的。

创作者就好像作品的亲生母亲，但养育其后半生的母亲却是上述三种人的心。这三种心，才真正养育了作品的性情，给予了作品生活，决定了作品命运。我将顺次探讨这三位养母。

一　所见者的器物

对于器物，该怎样选择才好？有人观形，有人观色，最初大都以为器物本就存有自身的特性。不过这些都只不过“是被给予的”。而真正赋予其特性的，是所见的我们。与其说“有物故我见”，不如“我见故有物”的说法更正确。其美与丑，都是我们的慧眼所生出的，是慧眼创造了物。

假设一件器物被弃，但仍有慧眼将其发掘。苹果掉落也遵循着宇宙法则，这是牛顿发现的。在牛顿之前，此宇宙法则或许可以认为一直都存在，但却只有在牛顿的发现以后，我们才得以知晓，才真正存在。相同的道理在佳美器物上也同样适用。假设有一件美品，尚无慧眼发掘，那其美就是不为人知的，也是不存在的。再假设有一件丑陋之物，却因眼拙之故被当作了美品，也便成了美品。所以器物的一生，是被鉴赏之眼所左右的。我可以断言，器物的问题，就是直观的问题。

所谓“器”，就是“所见之器”，除此以外什么都不是。那些认为“器”仅仅是器的想法，都是思维怠惰的结果。未加以直观判断的器，是苍白而空洞的，没有任何美丑可言，或者可以说是毫无特性的。器物存在的关键，在于所见。那是所见者之器。对器物而言，“所见”与“存在”是一体的。至今都尚无所见的存在，就还不能成其为存在。我们可以这样说，物的美与丑即是所见的一种创作。

可以思考一下，我们的所见所肩负的责任究竟有多大。我们应当知道，当所见淡且弱时，其所映衬出的美也是淡且弱的。而当所见浑浊、歪斜时，器物也只能是浑浊、歪斜的，其他特性不会存在。眼拙的罪过，就是最终将器物杀死。没有比对其赞美更大的侮辱，也没有比对其非难更大的误解。我们经常在错误的批评之中，见到上述的例子。器物的好坏，也就是所见者的优劣。若是所见失误，即便看似很美，可其实却并非真美。

谁都拥有一双眼，谁都能用这双眼来看物。但颇有心得的所见者，仍然少之又少。也有最初盲目的所见者，也存在很难看清的情况。而且总有各种各样的原因会蒙蔽我们的眼睛。有时是被所谓的知识所遮盖，有时是被习惯所搅浑，有时又被主张所迷惑。打扰眼睛的情形比想象的要多，所以看错了美与丑的情况才会那么多。

希望所见一直是澄澈透明的。若非如此，器物便难以原本的姿态出现。所谓澄澈透明，是指没有任何浑浊之意，也不能被有色玻璃阻隔。眼与物之间是不能有任何中介物的。换句说法就是，必须直接看物。借用禅语，即需“以直下见性”。正确的所见，即直观，是直接去看。也可以说是在瞬即间看物，或者说是物与心相交。当二者合二为一时，才是直观。若没有这种直观，便没有物的存在。即便存在了，也只是虚空的存在。尚未经历直观的事物，就还不成其为真正的事物。构成器物特性的就是直观，缺乏直观的认识，就只是一个不完全的判断罢了。不会有超越直观的审判。

器物的存在价值由“所见”决定。甚至可以说，若是没有所见者，也就没有器物。在尚无鉴赏之眼时，器物只是一种静止的状态，至多算一种事物。只有当所见者出现之后，器物的生命才得以苏生。没有碰到所见者的器物，大抵是死物。所以，器物其实就是所见者的创作。而且，若是创作尚未完成，所见也尚不应被称作所见。好的鉴赏能够创造物。慧眼，便是不停歇的生产者。所有被隐匿的东西，都会在直观面前摧枯拉朽。直观总是在不停地选拔、开拓，不停地让世界变得更美好。所以也可将其当做作品的第二位母亲。制作者是前半生的母亲，所见者就是后半生的养母。

我再举一个曾用过的例子。假设面前有一只朝鲜的穷人所使用的饭碗，是那种随处可见的便宜货，谁都不认为这值得一看。而后有一位所见者对其瞥了一眼，瞬间被其美所打动。这个时候，饭碗便不再是饭碗了，而变身为世上尊贵的名器，成为茶碗，甚至被赞誉为“大名物”。饭碗的确是朝鲜人所制，但茶碗却是茶人的创作。在尚未添加茶的鉴赏因素之时，那依然只不过是没有价值的饭碗而已，是无人眷顾的毫无价值的粗劣器物。这是因为没有所见者，因此其后半生的历史是不存在的。即便制作者将其做得如何完美，但若碰不到所见者，其美也是出不来的。所谓佳美之器，就是看起来很美的器物。

在此我认为有几点需要注意。直观必须是在判断以前。所以若是知识在直观之前发生作用，那眼前总会是模糊的。所知之后所见，等于不见，因为直观的效用消失了。要触及美本身，所有的考证、分析之类都会失去力量，因为这些会对直接看物有所打扰。而若不直接看物，则美的本质便无法触及。无论历史与系统如何明了，都不是对美的率直的理解。可以将其归入所知的范畴，但却跟所见无缘。无所见，便对美无所把握。

那究竟要怎样才能直接看物呢？这个问题我经常会被问到。如若回答一句那是先天的才能，或许就可完结，但也并非就没有后天养成之道。离直接看物最近的，是一颗信之心。所谓信之心，指的是率直接受的心，是不能让怀疑首先发挥作用的。怀疑也是一种所知，是一种判断。

或者也可以这么认为，所见之心与惊叹之心的性质很近。当对物产生惊叹时，接纳之力就大。对其注视，是因为对其有感。没有惊叹发生，就不会有所见的机缘。淡漠，是与所知之心相关联的，但与所见之心却无关。惊叹也是一种强烈的印象，是一种鲜艳的活生生的感觉。直观里面没有困倦。

因此，对陌生之物、珍奇之物，直观很容易纯粹地发挥作用。但反之，见惯之物却很容易招致淡漠，因为让直观发挥作用的机缘淡了。外来之物能引起特别强烈的注意也是相同的理由。古时的那些抹茶器、煎茶器等都是外来之物，所以茶人们的直观很容易就生效了。恰好跟浮世绘在西洋被赞美是一样的。对陌生之物总会伴随着惊叹，而所见之力就自由地发挥作用了。没有接受之心，就不能直接看物。

在此意义上，直观在第一印象上是最为纯粹之相。那些在所见后无法感知的、有所迷惑的器物，其美就少。而在取舍上有所踌躇的，可以说其直观的效用已经变弱。其实，以怀疑为前提的知性判断，与不容许怀疑的直观，在性质上是有着根本差别的。中世界的宗教书《日耳曼神学秘本》上，有这样一段话："奢望在信前有所知者，不会得到与神相关的任何知识。"所见者在他的直观之中，不断地生出一个又一个美丽的世界。所有的器物都是属于直观的器物，而器物之美，是不会超出直观所映照的美的。

二　所用者的器物

所见者并不能陪伴器物走完它的一生。器物原本制作出来就是要用的，若是没有所用者，那其存在理由也就消失了。

但这里所说的用，并不只是通常意义上的用。器物谁都在用，但这就相当于说器物谁都在看一样，只是极端凡庸的内容。正好跟所有人都有一双眼却无法好好看物一般，使用器物的人并不一定能成为所用者。更何况不知如何用的人占绝大多数。若只是在用，那就相当于没有用。我所说的用，指的是运用自如的意思。

日本人的血液中大都流淌着惊人的鉴赏力，像日本人这样看到器物如此欣喜愉悦的国民，他国甚为少见。所以拥有所见者能力的人并不稀缺。但有能力去看物的人，并不一定就有能力去运用自如。用而不得法的人其实多得令人意外。很多器物在被冠名古董之后，就被当做了死物，这源于明白所见却不明白所用的弊害。因为器物只有在被运用自如时，才活得最为淋漓尽致。作品能否度过一个鲜活的后半生，取决于它的主人是不是一位好的所用者。

我认为初期的茶人仍然是极佳的所用者。他们可是连本非茶器之物都能当做茶器且运用自如的啊。不，我应该这样说，一切佳美之器，在被正确使用之后都能苏生为茶器。茶器并非单单看似美观的器物，而应当是正确使用后的器物。并非因为是茶器才当做茶器使用，而是正确灵活运用后的器物成为了茶器。所谓茶事，指的就是如何运用器物的方法。

这个世界也有这样的人，见器物并不符合茶的法则，便舍弃不用。但这显然是本末倒置。也可说这便是不能把器物运用自如的人的悲哀，或者亦可断言他们缺乏运用定型器物以外的能力。是用之力生出了茶器，而所谓茶器，就是所用者独具匠心的创作。

作品或生或死，都取决于使用方法。若是不能真正运用自如，就不存在佳美之器。所用，才是更深层次的所见。因为是所用把器物与生活连在了一起。若是器物不能在生活中被运用自如，那其存在充其量只是一道淡影。至于怎样才能运用自如，那便是器物之道的奥义。只有达到通晓此番奥义的境界，器物才真正成为我们的器物。而还尚未达到的现阶段，心与器物是分开的，器物的本体是触碰不到的。所以，器物的生命是“所用者”所给予的。

很多人都拥有外观美丽的器物。但大多数家庭都并未真正活用这些器物。该用的不用，而该用的地方也未用。可以想象，大概那些本不应该用的，却经常被用吧。其中或许还有很难用之物，也有只可远观之物。与其只选择可观赏之物，不如选择可用之物更为愉悦。因为这样就可在生活中随处捕捉到美，随处可沉浸于美之中了。只知所见，而不知所用的人，在生活上总会不那么如意。这是因为器物在走向死亡，生活陷于停止之中。那些器物只被当做古董观瞻，而在现今真实的生活中却是不存在的。

这个世界有太多的人只一味地收集器物，并锁入储藏室里。连取出来再看一次的兴趣都没有。这只能证明其主人缺少对器物的爱。他对储藏的爱，要强于对器物的爱。若是能感受对器物的愉悦，定是会希望与他人分享的。而私藏这种行为，就好似里面有不纯的动机妨碍了对器物的爱。其中也有害怕弄坏而不敢使用的人。这虽然能够成为一条理由，但在我看来，这类人仍然是不能在使用中感觉愉悦的人。而他们用以替代的那些器物，毫无例外都是丑的。但这个世界有的是便宜却好用的器物，他们却未能选择。这只能说明他们没有所用的能力与爱。

所见是一种愉悦，而所用是一种更深层次的愉悦。器物越被用则越美。房子也一样，较之空房，有人住的房子无疑是更美的。真正佳美的器物，是正被使用着的器物。没有比被正确使用的那一刹那，显得更美的器物了。因为那个时候的美，是最为熠熠生辉的。只有在这个器物被经常使用的时候，器物才会更为温柔地对人倾诉，才能润泽房屋，让心也变得更美。而未被运用自如的器物，却是无表情的。反之，被运用自如的器物所展现的美，却是独一无二的。是好的使用者，创造了器物之美。

所用之物，可以是古旧的，亦可是新品。不过若是有新品可供挑选，则再好不过。因为古旧之物，毕竟是过去曾经被使用被养育过的，所以在观瞻上古旧的器物就显得更有故事。而新品则一直等待着新的所用者。所用者能创造的余地很大，可在使用中赋予其新生之意。

另外要知道的是，古旧器物很容易被当做古董来对待。那些本来对所用熟知的茶人们，也经常会出现把器物用死的情况。这种情况大都是反被器物所用的结果。而所用的方法也很陈旧，使用的器物也是千篇一律的。茶人里越是无聊者便越不知该如何使用。只是习惯残留了下来，而器物依然尚无生命。仅兴趣是不能让器物活过来的。

三　所思者的器物

所见者把作品甄选出来，再由所用者将生活融入其中，这两个是品味的世界，是生活的享乐。初期的茶礼之类，便是这个领域的极致。但处于意识时代的我们，对器物另有一桩义务，即在欣赏美、体味美之外，还应思考美。器物是融入意识的器物，是有鲜活思想的器物。对美的认识是交与近代人的一件新工作，也是茶人们至今尚未充分接触过的工作，是仅在现今意识时代能获得的愉悦。一切作品都是由认识所培育的作品，仅被欣赏或者被使用还不够，要在被思考以后，其存在理由才能显得更加明朗。认识可以给予器物以全新的性质。过去这种事情从未发生过，所思者的器物是近代的产物。曾经的茶人们并非思考者。

器物是思考者的极佳对象，这也是众所周知的。一问一答即可。而且并非仅限于美，真与善也是要追求的。若是未达其境，未知其妙，则难以宣称是思考过的。真正的思考，是可以从一件器物编撰出一册哲学书来的，甚至一部圣典。

工艺的世界是多面的，并非只是材料、技术、用途、形态、色彩、纹样之类。如若没有道德背景，是缺乏正确性的；如若没有信仰的基础，美也是深入不了的。社会若没有制度就不会健康，没有顺应的经济规则就难以成长。工艺就是多面性的，包含着门类众多的学问。思考者总是忙忙碌碌缺少休息的，而且必须不停歇地忙碌工作。

在观瞻一件佳美之物时，我们总会思索这样一个问题：为何如此之美？此问接下来又会引发其他的问题：为何会变得这么美？是什么成就了这种美？其正确性又从何而来？怎样才能让器物如此康健？其中蕴藏着怎样的法则？又是在怎样的环境被造就的？需要怎样的社会制度来配合？需要怎样的经济环境来引导？制作的道德基础又是什么？与信仰的关联如何？美与生活之间是否有结缘？总之问题是无穷无尽的。而与此同时，我们还必须做反面的考量。器物丑陋的原因是什么？其病根是什么？其羸弱的理由是什么？目标是否错误？其丑陋又为何难以被察觉？如果这些问题都能明了，制作者与购入者就能有一个正确的指导思想了。反省能令我们明确器物的本质。在思想上，器物能给现代带来新的意义。

或许意识领域也并非最上善之境，但回归意识却是世风日下的产物。如若所有器物都是康健的，则根本不用去在意其到底是否康健的问题了。然而不幸的是，在丑陋之物愈加泛滥的当今，我们不得不仔细取舍。而取舍的裁决，则依赖于意识。为了让大多数人避开误区，我们必须明确什么是美什么是丑。所思者，便是责任人。器物成为被思索的器物，是当今最为切实的需求。若是思索不足，则会产生许多浪费许多虚伪。所以器物是在思索的包裹之中慢慢成长起来的。特别是对未来的思索，尤为必要。被思索中的器物，其美会更为明确。

思维的世界是多样的。而器物的名称与语义也是应当考虑好的事情。由谁制作，以及来源于哪种系统，其所处时代，用途如何等等，这类历史考察也是一种思路。

但此文的“所思者”，并非指科学家或历史学家。科学历史等自然也是认识的一部分，但对我来说并不是主体性的。因为即便承认其间接性知识的地位，但与美相关的本质问题却并未触及，主要问题是价值问题，是美的内容的问题。我认为，一件器物所拥有的美的意义，较之于其存在的科学性或历史性的意义，是更为本质的问题。科学的基础必须是与科学相关的哲学，而历史之前则应当是历史哲学。因为缺乏对美的认识，其历史也会成为内容贫瘠的东西。本质性的问题，通常是价值问题，这在形而上学上也有所触及。因此在这个意义上是一种规范学。

这里的价值所指的也并非单单是器物本身的价值，更不是可用金钱置换的价格，而指的是本质性的东西。直达本质性的问题通常会触及美，美的价值是作品的本体。所以我们经常会直面这样的问题：器物是如何美丽，其美的内涵如何，深度、范畴如何，有其正确性与否等等。一件器物拥有多少本质性的美，决定着它存在的意义，这是有关器物的真理性问题。

然而这个问题至今仍是暧昧的，可以想象至今那些愚蠢的结论究竟是怎样在毫无意义地再三重复着。假设一位工艺历史学家，却没有美的标准，没有价值判断，即没有自身的历史哲学，这必定会导致史家叙事的混乱。他不仅会经常混淆匮乏与富含美之内涵的器物，而且有时还会对丑陋之物大肆称赞。于是便会经常忘却佳美的作品，甚而错误地对其大加非难。如此一来正确与非正确之物都在同一标准下被判断，其历史就会缺乏应有的价值认识，于是其历史便偏离了正确的历史之道。

历史必须是由价值认识所构筑的。器物本身只不过是些材料罢了，而价值认识才是获取妥当判断的基准。器物的特性，便是因认识而形成的特性。而要获得这种特性，则需依仗器物的所思者。或许这样看更为合理，历史便是认识的创作。一件器物如若不能被正确认识，则其存在的理由便不能被确定。在尚未触及真理问题时，器物的存在可谓模棱两可。这种特性是器物在近代才开始获得的，而在过去表现得并不这样明显。

另外还有一点特别需要注意的问题。无论思考能力如何优秀，若是欠缺其背后的鉴赏能力、运用能力，所谓深度思考终究是水中花镜中月。

器物也是鲜活的。这里存在着跟人类一样的道德与宗教，同时也有真理的宝藏，有支配人类世界的相同法则在发挥作用。没有法便没有美，只有在适应法则时器物才变得佳美。对作品中所潜藏的法则的认识，是意识时代的人们所被赋予的新的工作。如今器物因着思想在新生活中复苏，而这种器物在过去是不存在的。器物的美的内涵，是所思者重新赋予的。

所见者、所用者、所思者，作品的后半生便是这三者的共同结晶。所见者的器物、所用者的器物、所思者的器物，除此三者以外或者以上，都并非真正的器物。

『喜左卫门井户』鉴赏

一

据闻，“喜左卫门井户”是天下一品的茶碗。

茶汤之茶碗分作三种：一为中国茶碗，二为朝鲜茶碗，三为日本茶碗。其中最美的是朝鲜茶碗。茶人们经常所说的便是“茶碗即高丽”。

朝鲜茶碗又有很多种类，比如“井户”、“云鹤”、“熊川”、“吴器”、“鱼屋”、“金海”等等，名目繁多。其中韵味最深的要属“井户”。但“井户”也有很多种类，比如“大井户”、“古井户”、“青井户”、“井户胁”等。艺人的分析很是详尽，不过最为佳美的还是名物类的“大井户”。

这种名物类的“井户”，迄今所记录在册的总共有二十六种。其中首屈一指的要属“喜左卫门井户”，甚或可称之为“井户”之王。没有任何其他茶碗能与之比拟。虽然天下名器甚多，但“喜左卫门井户”却是当之无愧天下第一的茶器。那是茶碗的极致，展示着茶的绝顶之美，同时又蕴含着一种“和敬清寂”的茶境。这正是茶道发祥的美之源泉。

二

“井户”一词出自何处，一直众说纷纭。大概是朝鲜某个地名的音译吧。至于这个地名到底所指何处，可暂且将其作为将来的一个有趣的研究题材。

“喜左卫门”不用赘言肯定是人名。其人姓竹田，是大阪的城里人，因为此碗为他所有，所以便称作“喜左卫门井户”。

名物总是出处不明的多。在庆长时代（1596—1615），此茶碗被呈于本多能登守忠义，因此，也称作“本多井户”。其后宽永十一年（1634），能登守的封地移往大和国郡山时，将此碗赠予泉州堺的雅士中村宗雪。宽延四年（1751），又成为了塘氏家茂的拥有物。后来在安永年间（1774—1780），终于被茶碗收藏大家云州不昧公用重金购入。当时所支付的纯金多达五百五十两，即刻被归入“大名物”一类。文化八年（1811），有遗训告诫嗣子月潭：“此乃天下名物也，切记要永远妥善保存。”据闻，不昧公所钟爱的这只茶碗，一直如影随形，从未曾离开过他的身旁。

三

不过，相传此茶碗会带来不幸，即拥有者会莫名患上肿瘤。曾经有一位雅士也对这碗极其钟爱，因家道中落，成了京岛原游客的一介马夫后，仍是对此茶碗爱不释手。但后来却患了肿瘤病逝。此碗作祟的说法就始于此。事实上，不昧公在此碗到手后，也两度患上肿瘤。不过即便他的夫人害怕，多次建议卖掉，也未能浇灭他对此碗的热爱。在不昧公过世后，嗣子月潭也患了肿瘤，这才终于决定把此碗寄赠给本家菩提寺京都紫野大德寺孤蓬庵。那天是文政元年（1818）六月十三日。现在庵门处仍然还摆放着当日运送茶碗的轿子。在明治维新前，若没有松平家的许可，其他人是不可随意观瞻的，那是真正应该秘藏之物。不昧公已过世一百年，可茶碗却风韵如旧。

“喜左卫门井户”鉴赏／

四

昭和六年（1931）三月八日，在浜谷由太郎的好意斡旋下，我得到了孤蓬庵现任住持小堀月洲禅师的许诺，可以观瞻此碗。同行者中有河井宽次郎。当将其捧在手里细看之时，可谓感慨万千。我一直想知道天下第一的茶碗、大名物“喜左卫门井户”到底生得什么模样，这也是我的夙愿之一。见此碗，便是见茶，还能察知茶人之眼，以自省吾身。总之，这就是美、美的鉴赏、美的爱慕、美的哲学、美的生活的缩影（对一件器物的美，人所能支付的最大额度，大概也是包含在内的）。如今，茶碗躺在五重箱内，还包裹着紫色棉布。禅师极轻地将其取出，摆放在我们面前。

“好茶碗啊——可怎么就这么平凡无奇啊！”我即刻在心底里嚷嚷开来。平凡无奇，指的就是“理所当然”之意，是“世上最简单不过的茶碗”。被这么看实在不能理怨人，大概无论在哪里都找不到比这只更为平易的器物了。简直太过平易，什么装饰都没有，也看不出任何蹊跷，没有比之更为寻常的了。总之是平凡无奇之物。

这是朝鲜的饭碗，而且还是穷人们平素所用的饭碗，全然的笨拙之物，典型的杂器。也是最为低档的便宜货。制作者地位卑下，并无任何可夸耀的个性。而使用者也极其随便，并非买来用以炫耀的。谁都能做的，谁都能烧制的，谁都能买得起的，哪里都能买到的，任何时候都买得到的，这些就是这只茶碗的本身之性。

简直是平凡之至。土是后山挖出的土，釉是火炉里的灰，辘轳的中心还摇摆不定。在形上无任何繁杂之处，在数量上也极多。烧制很快，削刨很粗暴，手是脏的。釉子都泼洒了，一直流到底座。室内是昏暗的，陶工是不识字的，窑炉很寒碜，烧制方法很粗暴，还有沾粘物。但这些都并非可纠结之处。这只是可有可无的廉价品，谁都不会想着要得到。烧制者好想辞掉这个用以糊口的工作，这原本就是下贱之人的工作。不过消耗品罢了，还是厨房消耗品。只贱民在用而已，里面装的自然不会是白米饭，用后也不会刻意去洗净。若是去朝鲜的乡下旅行，这是谁都能碰到的光景。没有比这更理所当然的东西了。

这便是当之无愧的天下之名器“大名物”的真正面目。

六

但这已足够。正因为这样才好。只有这样才好。我要向读者说的是，如此波澜不惊、无任何蹊跷之物，无邪、率真、自然、无心、无奢，又无任何骄躁的器物，若这不是美那什么才是？谦逊、朴素、不加修饰，当然应该受到人们敬爱。

这比任何其他都康健得多。造物以实用，且贩卖为寻常用度之物。病弱之躯是不相适宜的，必须有一个康健的身体。而此处所得见的康健，便是实用之所赐。平凡的实用，才正是作品康健之美的保证。

“这里不存在罹患疾病的机缘”，这才是正确的说法。因为这是穷人每天所用的普通饭碗，不会煞费苦心地一只只斟酌烧制，所以就不会有技巧之病侵入的时间；也不是美论之作，于是也排除了意识之毒；不是留铭之作，于是缺失了染上自我之罪的机会；也不是美梦之作，所以不会误入感伤世界；不是神经亢奋之作，因此也不存在变态因素。这里只存在一个单纯的目的，且与华美的世界相去甚远。为何这般平易的茶碗会如此之美？其实这便是平易的必然结果。

喜好非凡之人，不会承认“平易”所生出的美，他们认为那只是消极之美罢了。他们所崇尚的是积极地制造美。但事实却让人不可思议。无论怎样人为的努力，都无法烧制出超过“井户”的茶碗。所有的美丽茶碗，结果都是顺从自然的作品。较之作为，自然产生了更为惊异的结果。在自然的睿智面前，怎样的人智都是愚蠢。“平易”的世界为何会生出美，就是因为这个世界里有“自然”。

自然之物都是健康的。美虽然有很多种，但没有其他任何一种能胜过健康。因为健康是常态，是最为自然的姿态。人们常常将这种常态称作“无事”、“无难”、“平安”、“息灾”等。禅语里也有“至道无难”的说法，没有比无难更难能可贵的大道了，道上波澜不惊。静稳之美，才是最后的美。《临济录》有言：“无事是贵人，但莫造作，只是平常。”

为何“喜左卫门井户”那么美，就是因为“无事”，因为“没有造作”。那座孤蓬禅庵，正好与“井户”茶碗相得益彰。因为让所有观瞻者都能沉心思索一番这个问题。

七

从无难的平安之中，选取出茶器的茶人之眼，是最为让人爱慕的。在他们那颗定下闲寂、素雅之美的心里，有着令人惊异的正确性与深度。并且连海外之人都无出其右者。他们按照自己的鉴赏做出了令人惊叹的创意。平凡的饭碗就这样变作了非凡的茶碗，从油渍的厨房坐上了美之王座。不过数枚铜钱之物，就这样摇身一变成为万金之躯。曾经不受待见之物，竟化作美的标杆让万人景仰。难怪朝鲜人会嘲笑这“天下第一”的说辞，这个世界正发生着本不可能之事。

然而，嘲笑者与赞誉者都是对的。若没有嘲笑，这饭碗不可能烧制得这么心不在焉。如果陶工们因这便宜的杂器是“名器”而心高气傲，那结果就不成为其杂器了。而若这并非杂器，那茶人们也不会承认其“大名物”的地位了。

茶人之眼甚是正确。若是没有他们的赞誉，世间无疑就又少了一种“名物”。这平平凡凡的饭碗为何能成为让众人分享的一种美，源自于茶人的惊人创意。即便饭碗是朝鲜人烧制的，但“大名物”却是茶人们的作品。

茶人们从其纤弱的裂纹中感受到了润泽，甚至在剥落的釉纹上看出了风情，修补也成为了增添的风景。而毫无造作的削刨，更是令他们赏心悦目。甚至感觉那是茶碗不可或缺的必要条件。对底座，他们更是爱得强烈，在其滴落的流釉上，感受着奔放的自然之妙。他们把目光放在这希望之形上，凝望着茶汤在此逗留的模样。他们捧起这希望之形，亲吻其厚实的身躯。于是明白了这迂缓的曲线是如何让自己的心沉寂下来。他们对一件器物怀抱着各种各样的梦想，对成就一只美丽茶碗的条件也一一捋清。美的法则是万变不离其宗的。一只茶碗会在鉴赏者的心中变得更加美好。“茶器”之母，就是茶人们自身。

“井户”若是不漂洋过海来到日本，一直在朝鲜，是不可能存在的。日本才是它的故乡。福音书的作者马太，把耶稣的出生地写成伯利恒，而非拿撒勒，是有其真理在里面的。

让我们从鉴赏者的角度抽身出来，再从创作者的角度

“喜左卫门井户”鉴赏／

看看这只茶碗。茶人们用其知性直观所寻到的这只茶碗惊人的美，究竟是经谁之手所作？是有怎样的力量在运作，从而让这种美成为可能？很难让人相信那些不识字的朝鲜陶工们会有知性意识。然而，正是没有所谓知性意识的烦扰，才让他们创作出了如此自然的器皿。也即是说，“井户”里所见的那些诸多“美妙处”，都并非陶工自身之力所作，而是藏匿着的无边的他力所成就的。“井户”是诞生的作品，而非制造的器皿。其美，是他力所赐，是自然的惠顾，是被给予的，是对自然顺从的态度所得的恩宠。如若创作者自身有恃傲慢，大概便没有机缘受此恩泽了吧。他们并不懂任何美的法则。法则在超越“自我”超越“私我”的世界之外，是自然之功，而非人智所定。

是自然驱动了法则，而鉴赏就是发现法则。无论怎样，都在创作者的力所能及之外。一只茶碗所拥有的美的条件，便在于其出产是自然的，其认识是直观的。那只“井户”有“七个美妙处”，这种判断没问题；但若是认为那“七个美妙处”是被创作出来的，就彻底想错了。而且，也不能想当然认为只要满足了条件就可以创作出来。“美妙处”是自然所赠，并非作为之功。然而这些明显的错误，却再三地在日本茶器上试演。

茶人说“茶碗即高丽”，是一句很诚实的忏悔。日本茶碗，较之朝鲜茶碗是逊色的。为何逊色？因为想自己通过作为来把美妙处创作出来。这是违背自然的愚蠢之举。他们不自觉地把制作与鉴赏混为一谈，从而导致鉴赏对制作的掣肘，于是制作便被鉴赏所毒害。日本茶器有着意识上的伤痛。

从长次郎[①]、光悦，到普通茶器制作者，或多或少都因此病而恼。是鉴赏发现了“井户”的迂曲之美，这没问题。但要故意做得迂曲，其迂曲之味便会破损消亡。在窑中可能因为失误而致使流釉剥落，这将成为自然风情的一种。但若为了迎合茶趣而故意损伤流釉，那只能得到一个非自然的器物。

底座的削刨在“井户”上显得特别的美。但若要特意去模仿这种美，其自然的特性便荡然无存了。这些故意强加的歪斜、凹凸等畸形，便是日本特有的丑陋之形，且在世界上找不到同类。就这样，体味到最深层之美的茶人们把这个弊害从过去带到现在，让其愈加发酵。那些留铭为“乐”的茶碗，几乎没有一只不丑的。“井户”与“乐”，

①长次郎：代表安土桃山时代的京都陶艺家，乐烧的创始人。代表作有多数赤乐茶碗、黑乐茶碗。

无论出发点、过程还是结果，其性质都有云泥之别。虽说是同一种茶碗，但类型迥异，美亦迥异。“喜左卫门井户”正是“乐”的反面，是对“乐”的挑战。

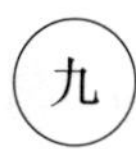

九

从上文可见，发现“井户”的初代茶人之眼是何等锋锐。要论述“井户”，当然离不开对“井户”的鉴赏。

可他们的鉴赏到底为何如此优秀？是因为时代不同？其实只因为他们完全是在直观看物，且能够直观看物。所谓直观看物，就是不添加任何滤镜、直接地去看。他们没有依赖器皿的包装盒，没有注重留铭与否，没有探查创作者究竟是谁，也没有听凭他人的评价，也并非因为古旧而偏爱，只是一味地、直接地去看。在物与眼之间，没有任何隔阂，鲜明而无任何遮拦。他们的眼里没有阴翳，所以在判断上并无踌躇。物能进入到他们之中，而他们亦能进入到物之中。这之间，是水乳交融的，是爱所滋润的。

若是没有他们看物的眼，则不会有茶器的诞生。茶器是直观看物所带来的。而茶道能够成为美的宗教，正因为对美的直观是其基础与根本。恰好跟对神的直观产生了宗教是相同道理。若是不能直接看，那就不存在茶器，也不存在所谓茶道了。不过这到底告知了我们什么？这告知我们，如若能直观看物，则时至今日仍然是能够发现佳美的茶器的。多数隐匿的“大名物”，就是这样突然出现在我们面前。因为与那只“喜左卫门井户”一样，在相同环境相同地点，以相同的创作心绪与过程所烧制的工艺品，数量是庞大的。“井户”是杂器，是大量生产的“粗劣品”。也即是说，还有大量类似的茶器放在我们面前，等待着直观的甄别。

当今之人因为“大名物”的定性而对其推崇有加，而且只推崇“大名物”，却对其他民器视而不见。其眼里已经有了阴翳。如果有机缘让直观发挥作用，我们绝不会迟疑片刻。那些跟“井户”一般美好的无数的杂器，其实就在我们周围。无论是谁，只要能直观看物，都是有特权为这个世界添加更多“大名物”的。我们周围存在着无数的这种愉悦，远远好于当初茶祖的境况。因为我们周围器物的种类与数量，远远超出了当初茶祖的时代。而且交通的便利也给我们提供了更多的接触机会，让我们能去到前人未曾踏入过的处女地。如若茶祖在今日苏醒过来，定是会喜不自胜、感激涕零的吧。这个世界真的是有太多的佳美之器，不得不让人感谢再三。此后当然还会有新茶器的改朝换代，而“名物录”上也定会数不胜数的吧。有新的茶器不断被添置进茶室，不断去适应现代的生活，民众的茶道亦将不断地往前进。而佳美的器物，也定会有更多更丰富的品种不断出现，超越过去。

直观看物时，我们的眼与心必然是繁忙而无惑的。

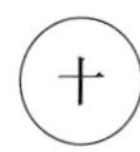

我手捧大名物，左思右想了半晌。将其与我至今收藏的器物在心底里做了个比较。

“前进，前进，朝自己的方向前进”，大名物这样对我耳语道。让我认识到自己所走过的路，以及将要走的路，都没有错。“井户”在这世上一定还有众多的兄弟姐妹，点缀着这片美好的土地。而我们要谈论的，是怎样的美才是最正确的美；要考虑的，是怎样才能在今后继承并创造这种美；要做的，是做好准备去实际生成这种美。什么才是美、怎样鉴别美、如何生成美，这三点便是有关美的意义、认识与创作三个问题的关键之所在。

鉴赏完毕之后，看着“大名物”被再度锁入数重的盒子之内，我把所思所想的数个问题暗藏于胸，随后辞别了禅庵。归程中，禅林间呼啸的风也似乎在说：“道、道!”

“喜左卫门井户”鉴赏／

高丽茶碗与大和茶碗

一

两者都被称作茶碗，都是无上之美。“井户”要赞，“乐烧”也要赞。但这样就足够了吗？两者均被称作名器，自然都有其独到之处，但我并不想止步于那些所谓独到之处，那未免太过悲哀。我们应在美中进一步去寻求更为深邃的、洁净的、静谧的东西。若有中意的器物出现，就握紧了，别放手。

两者对比可知，是有明显差异的。高丽茶碗与大和茶碗，虽说都是茶碗，但其出生与成长过程是不一样的。这种差别尚未挑破，还处于朦胧的状态，使得大多数茶人也想不起来要对此深入研究，甚而还让人觉得并无研究的必要。但明确这种差别，难道不正是遵循茶道的行为吗？近来茶道荒废，难道不正是因为正确的所见者的缺失么？所以正确的看法才反倒听起来奇怪。听起来奇怪也罢，应当区别对待的还是区别对待为好。这并非要给两者定义高下，而是要在看法上、制作上、思考上，推论出一个并不浅显的真理。问题亦是相应的。

三

茶碗分作三类。由出产地分作“唐茶碗”、“高丽茶碗”、“大和茶碗”，其中唐茶碗只有天目茶碗一种，多少加了些青瓷在内，在此就不做详细讨论了。前二者都是“舶来品”，但高丽茶碗占了绝大部分，所以高丽茶碗与大和茶碗两者，就能代表所有。而要对比两者，一用“井户”、一用“乐烧”为例，应是极恰当的。因为高丽茶碗以“井户”居首，而大和茶碗谁都会推崇“乐烧”。

那到底何处不同呢？出产国不同自不必说，风情不同也是理所当然。除此以外还有更加迥异之处，即本质的不同。地理之别与外观之差，与本质相比则显得太小，而本质的迥异则会引起美的变动，不仅有美的幅度的变动，还有美的轻重的变动。因此两种茶碗是不能一视同仁的。

四

在此仅作对比是不够的，其实两者反差明显。一个极端会触发另一个极端，达至极限处，二者为二，又二者归一。但这种思考究竟能否在现实的器物上有所呈现？可悲的是，现实离根本之处甚远。所见者去看物，是不会看错的。直观去看，就能知晓器物各自的特性以及有怎样的表现，并能充分吟味其美。美之路正是由此而拓展开去的，这是重要的审核。再反观审视，则能明了许多暧昧之处已得到修正。

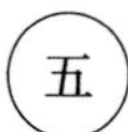

有一点是谁都知晓的，即高丽茶碗原本并非茶碗（这里所说的“高丽”并非时代名，而是地理国别名，等同于朝鲜。正与称呼中国为“唐”是一样的。另外，这里的茶碗指的是抹茶的茶碗。其他还有很多种茶碗，比如汤茶碗、饭茶碗、小茶杯等)。茶人所命名的高丽茶碗，其实并不是专为抹茶而制的茶碗，而只不过是庶民的饭茶碗。只是茶人们将其用在了抹茶上而已。所以这种著名茶碗无一例外都是有着两段迥异生涯的。前半生是饭茶碗，后半生是抹茶碗。这是一段不可忘却的历史。

如今这些被细致包裹在紫褥、金花织锦中，并锁入重重箱盒内的高丽茶碗，原先其实都只不过是一些庶民日常所用的粗陋饭碗罢了。但初代茶人们却从中看出了无上之美，以千金之价令其身处高贵，于是所有的不可思议便应运而生，曾经的不可能则在白昼成为了可能。

饭茶碗的制作者是无名的朝鲜陶工，但创作出抹茶碗的却是著名的茶人。我们不得不对后者非同常人的眼界心生惊叹。若是没有他们，器物大抵只能以平凡的饭茶碗的身份寿终正寝。不过同时另有一条真理也不可忘，如若其本身不是饭茶碗，那也是决然不能变身为抹茶碗的。这才是最不可思议的真理。诸位请记住，平凡的器皿是会熠熠生辉的，而正因为其本身平凡，其辉芒才显得更为璀璨。对其视而不见者，无疑会错过不平凡的美。

六

再看看“乐烧”吧。其他比如仁清[①]、乾山[②]等大和茶碗作为选例也不错。这些也都是茶碗，但它们都未曾转生过，即没有第二段生涯。从初始起，它们就是茶碗，就是追求非凡的茶碗。其诞生即美术品的诞生。这便是大和茶碗与高丽茶碗在其出生上泾渭分明的不同之处。虽然都被称作茶碗，但却性情迥异。只是作为盛茶的容器这点是相通的。如此不同之物却被呈于一处，用相同的声音去赞赏，难道不觉得粗笨么？不同个体之美自然是有出入的，我们必须对此加以更为明确的批判。

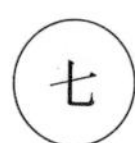

“乐烧”的所见者与制作者是同一人。或者这样说也无妨，大和茶碗就是始于“见”终于“制”的器皿。与制作之后才被发现的茶碗是截然不同的。“高丽茶碗”便是后者。两者恰好相反，前者是鉴赏促成了制作，而后者是

①仁清：野野村仁清。江户时代前期的陶工，以京烧色绘陶器著称。
②乾山：尾形乾山。江户时代的陶工、绘师。

作品迎来了鉴赏。最初诞生于趣味的器皿，与原本用以实用的器皿，其差异的沟壑是无法消除的。一者为彻头彻尾的雅器，一者为彻头彻尾的杂器。

但诸位不可轻易在语言上就决定了这些器物的美的价值。趣味丰富的雅器——这个定义所用的语言本身极美，让人联想到各种优雅的内涵。但我们不得不细心思考一番，因趣味而生成的器物难道就百分百注定是美的么？以实用终焉的杂器——这个说法无疑听来与艺术远不搭界，但谁又规定了实用的器物就一定是与美背道而驰的呢？究竟哪个与美结缘更深呢？“茶碗即高丽”这句俗语意味着高丽茶碗是首屈一指的，而我也正好是这样认为的。让我们更进一步来分析一下吧。

意识之作，无意识之作，在言语上是相对的。如若对无意识之作这个说法有隔阂，那换为理解之作、本能之作也无妨。我们来详勘一下“乐烧”。制作者、设计者，到底对美有着怎样的思考呢？他们在形、色上都是煞费苦心的。无论程度深浅，对美的理解与意识是促成工作的第一要素。他们无疑是以美的茶碗为目的的，也为此目的耗费了无数心血。一切都是为了美。制成之日，便迎来各种赞誉，甚而成为一国之大事。他们的身份是茶人，与平凡的庶民不同，是在茶境行茶事的风流人。即便制作者是陶工，但令其制作的设计者是深谙美之道的茶人。

但若回到"井户茶碗"的场面看看，则截然不同。映入眼帘的是目不识丁的陶工们，全然没有所谓"啜茶"的闲暇雅兴。那是一片不存在"茶"的土地，亦没有相应的美的知识。如若有心去询问，对方定是一脸茫然。但他们却是制作者，没有充分的知识，仅凭本能在做。所以与其称为"制作"，不如叫做"出产"。他们自身其实并无这样的能力，只是受内里潜藏的某种东西的引导而作。所以也可看做是受委托而作，成品也不过只是杂器，毫无可以自傲自满之处。因为谁都可以淡然地制作出相同的作品，而同时也不会有谁会花了心思来鉴赏。只是一味地迅捷地作了一只又一只。而后随随便便地卖出，再任由他人随随便便地使用。这便是终结。从初始就在往这样的终结迈步。由此可见，它们与"乐烧"的特性有着怎样的不同。那么两种作品在比较之下到底哪种会胜出呢？"茶碗即高丽"，这便是结局。

九

我们再看看其不可思议的由来，这将涉及到禅问。为何后发的智慧不能轻易战胜本能之作呢？为何身为创作家的茶人们，会逊于目不识丁的陶工呢？到底有没有能与“井户”比肩的“乐烧”呢？通常的教导总是在鼓动无知者的信心，嘲笑缺智者的愚昧。当然“知”并非不好，但“知”的终结便是灭亡。通常教导中的例证在“乐烧”里也并不是找不到，只是意识之作的走向通常是靠不住的。外观美，同时深处却又有其他的美生出，这样的好例在“井户”里很常见。

人应当多思考一下意识之小，这样才能有效地扩大意识。而要认识意识之小，则应当对本能之作怀有更虔诚的敬畏之心。那才是世上最令人尊崇的敌人。可惜“乐烧”对“井户”的敬畏还不够。

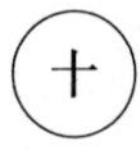

知，属于个人；而本能，属于自然。知，是当今之

力；本能，是历史之力。本能在不知不觉中促成了知。没有高于本能的智慧了。“井户”是由内里所藏的令人惊异的自然智慧所铸就的。决不可妄然嘲笑陶工们的无知，自然的睿智是站在他们一边的。他们在不知不觉中生出的美到底有着怎样的不可思议呢？般若偈语有言：“般若无知，无事不知。般若无见，无事不见。”而这种般若的无知，正是“井户茶碗”里蕴藏的东西——不知美而拥有美。《信心铭》里有一句“多言多虑，转不相应”的话。美，与多辩的“乐”是不相应的，对美的意识会令美逃逸。而“乐”是会让人困惑的。茶碗用“乐”来表现，是一件很遗憾的事。“乐”中还遗留着佛家的“孽”。不论如何假装，都是无法骗过所见者的眼睛的。故意终将招致厌烦。茶碗在“乐”上止步，终会导致茶人与心的叛离，因为应有之美却未曾见到。那么“井户”是否也有所谓这样的佛家之“孽”呢？答案是没有。它们被赠以“大名物”的地位，可谓没有丝毫的迁就。

特别要注意工作里残留的游玩之心。即便是追求各种

趣味之物，仅由游玩之心来引导是不成的。器物的制作并非所以为的那样简单。要有序，还要修炼。“乐”则暴露了其人的工作还未走出行外人的领域，则工作也只算外行的工作，要步入真正的烧制境界是极难的。所以这才以轻松的“乐烧”来敷衍了事。所谓乐烧适合于茶碗，我认为只是后来添加的借口。什么触之柔软温润，饮之惬意舒心之类都是。即便这可以算作“乐烧”的功德，也难以认定就是美的极致。无论形、素材，还是釉子，都难以让其获得真正的尊贵地位。最终只是一个优雅的安慰罢了。我们能从中见到真资格的工作吗？我们能从中领悟到自然之法吗？

但“井户茶碗”却不是安慰，那不是外行人的作品。陶工是需要苦练修行的，是需要反反复复没有终点的单调练习的。还需要力度，需要汗水。这是一个长次郎、道入[①]、光悦等茶人所不知道的世界，所不能触摸的世界，也无法达到的世界。“井户”是直面生活的认真的作品，是仅能经行家之手而做成的工作。外行的巧技所制的“乐烧”，当然是全然无法与之匹敌的。对“乐烧”赞誉无数的人，对“井户”也赞誉无数，我认为这是对“井户”的不

①道入：安土时代至江户时代初期的陶艺家，以黑釉茶碗的技法著称。

敬。所谓两者都佳的公平见解，是最大的不公。一切物都是有高下的，哪种更接近于神的御座，容不得半点暧昧。

无论哪只大名物的茶碗背面都没有留铭。“井户筒”、“喜左卫门”、“九重”、“小盐”、“须弥”这些名字都是茶人们擅自所起的，与制作者毫无关联。高丽的器皿无论怎样的名器，都是无铭的。由谁在哪里制作等等都是无可考究的。那些本都是无可考究的大量制作的杂器，是粗陋的饭茶碗。但却无法等闲视之。无铭也佳，没有比这种特性更能令人赞赏的了。因此初代的茶人们才大胆地将其捧起，用作了茶碗。而有缺口的、歪斜的、有粘连的、有外伤的，竟都成了可贵之处。到底是从哪里生出的美呢？无铭，确实是一口很大的源泉。我并不是说这世上所有的无铭品都是佳品，只是所有大名物都是无铭的这一点需要大家熟记。无铭与佳美的器物之间的血缘关系，是极深的。

然而所有的“乐烧”都是“留铭”的。丰公[1]所赠的金印，决定了一切。如若没有印，茶人们便会为其代言，

①丰公：丰臣秀吉公。战国时代武将、大名，初代武家关白、太阁。

反复解释说是某人在某处因何而作的佳品。道入作、光悦作、道八[1]作、某某作等等大量制作者的名字会成串涌出，不尽其烦。而且他们会因为这些落款而沾沾自喜。评论者也会竞相赞其个性风采，讴歌其美。但这样就行了么？个性之美是终极之美么？这些问题当然会随之产生。为何不在超越个性的器物中去追求美呢？人类的修行难道不正是超越自我么？自我有美，那么无我定然更美。尚存自我的美，算不得终极之美。所以在此便能看出“乐烧”的局限，相较之下显得劣势也是理所当然了。比起留铭之物，无铭物有着更深层次的美。要从“井户”里找出丑物来，无疑是一件至难之事。而“乐烧”里却有无数滥竽充数之物。

一种是质朴的成长。它们几乎毫无有价值的经历，被使用的场所只是污浊的厨房，所用者也只是一群穷人。但我们却不能因其数量多、便宜、粗陋就坦然忽视了它们的美。质朴之物大都是谦逊之物，谦逊难道不正是令人崇敬

①道八：仁阿弥道八。江户时代后期的陶艺家，以京烧技法著称。

之德么？若以人类作比，这个说法再自然不过了。贫瘠之器只要富于德行，就自然会有美之光闪耀。美若无德就不成其为美。那些质朴简陋的“井户”被无限的美所包裹，无疑是必然的结果。

但“乐烧”不同。它们是身披缕衣的姿态，是高价物，是王侯富豪们的手中之物。是穷人买不起的，也并非饭茶碗。“乐烧”不是“井户”，也不可能是“井户”。

富贵之物也并非就一定是欠缺德行之物，只是奢侈的东西极易招致虫蚀。圣人们都说富贵物难以升天，这定然是不假的。“乐烧”是在难以成其为美的环境中成长的。虽然不能即刻下定论说这样就不会生出佳美之品来，但期待“乐烧”的佳品，的确是有侥幸在内的。那是无法确信的期望。“乐烧”是有很多病的。

见到“井户”后大惊失色的茶人们希望自己也能制作出那样的茶碗来。他们已经知晓了“井户”的美，并且明白到底哪里美，甚至能细数茶碗的各种精妙之处，连名字都一一起好。那些歪斜、外伤也都成为风情的一种。他们眼前只有美丽的茶碗的姿态在摇曳。于是心里生出愿望来，也要制作出这样的美品。所以促成“乐烧”的是一些细微的所见与强烈的爱，以及燃烧的热情。至此，尚无任何问题。但其后就有悲剧发生了。

他们要把自然生成的“井户”之美制作出来，把那些原本并非故意的精妙之处人为地组装出来。煞费苦心地设计底座，思考茶的容积。另外还故意令其歪斜，增添外伤、刮伤，添加流釉等等。不过这些还不够，还要全部毁掉进行二次制作等等。竟至于斯。这番心意是令人欣慰的，但错在了把所见与制作混为一谈上。他们以为这样就能制作出来了，以为这样制作的茶碗就是真正的茶碗了。然而那些“井户”上自然生成的精妙之处，人为怎能轻易制作出来？生成与制作是不同的。“井户”的精妙决然不会是“乐烧”的精妙。若从精妙处着手去制作，结果就是无一处精妙。诸位，那些茶人们所喜好的故意雕琢的形态之中，哪里见得到所谓素雅与静谧呢？能见得到么？其实，没有比“乐烧”更花哨的茶碗了。故意雕琢的素雅，难道不是对茶碗的冒渎么？难道不正是丑本身么？“乐烧”是日本茶碗所有丑陋的发端，在“井户”面前还有颜面存在么？

十五

所以，大和茶碗中的佳品是故意作为较少的陶瓷；是发端于茶，却不被茶所囚的器皿；是忘却人为以后的茶碗。“乐烧”难以企及的“伯庵”才能算作真正的茶器，是与“井户”相近的器皿。不过同样是濑户出品，志野就鲜有好的茶碗，因其作为太过。唐津之物也不错，没有刮伤、旋涡、歪斜的茶碗都不错，因其认真、直率。而且这些好的茶碗也都是无铭的。留铭之物都难以期待。人们都喋喋不休地说仁清怎样怎样，但仁清也不过是二流三流的陶工罢了。他的世界与闲寂有何缘分可言？他的茶碗就是寻常女子的玩物罢了，没有任何可圈可点之处。乾山的茶碗其实从陶技上讲也跟外行差不多，他的画作的确不赖，但他的茶碗放在“井户”面前就如同儿戏了。

恐怕今后能够期待的大和茶碗佳品，将只能从那些并非初始就被当做茶碗而作的器皿中寻找了。比如乌冬面钵、荞麦面碗等笨拙之物中，或许还能有所发现。因为这些器皿与“井户”的生成，或许能有异曲同工之妙。

如若还有更为优秀的制作家出现，定然是不应该止步于“乐烧”“仁清”之流的。作品的真谛在于比自然更为自然，因此可谓是求取自然的工作，若不去除故意作为之罪，就无法回归真正的美的轨道。他们需要在明了朝鲜之物的美以后，重新斟酌出一条制作茶碗的路来。这样才能超越花哨，求得真正的静谧与素雅。

大和茶碗的历史应从现今开始，正好接续至此为止的高丽茶碗的历史。“乐烧”载入不了史册，以“乐烧”自诩之事可以废弃了。茶碗之美不能停留在“乐烧”上，这是一件关系未来的大事。

光悦论

一

本阿弥光悦的祖上是以刀剑鉴定为业的。所谓“本阿弥三事”，即第一相刀、第二磨砺、第三净拭。相传，本阿弥光悦最擅长的是最难的净拭。《行状记》里有记录说“七八岁时……便发奋钻研家业”，可知他从幼时就对刀剑鉴赏很感兴趣。想是因代代同业，家传秘诀也都悉数学得，于是技艺超群名声在外也就理所当然了。他在本职的功绩据称留有《本阿弥鉴定帖》三册。但其鉴定、净拭的能力到底如何出神入化，如今留存于世的作品已极为稀少，无以得知了。

不过，家业引起了他对各种技艺的兴趣这点，大抵是对的。刀剑是纯粹的工艺品，是当时各种技艺的集大成。不要想当然地认为刀剑只不过是锻造品，其他还有木工、漆工、金工，以及皮革工、线工等等，另外还涉及到象牙、螺钿等繁多技术。光悦晚年的多项技能，想来都是以幼年的经历为基础的。鉴定出身的光悦，对器物的好坏、美丑、真伪，都有自己独到的见解与睿智。而这些认知又反过来促成了他对器物的倾心，同时也促成了他对自然与人生的观察。光悦在眼力的准备上是极为充分的。

眼界颇广的光悦在他的工作生涯中留下了怎样的足迹，是一个很好的研究课题。里面无疑有着众多可反复吟味的事迹。

他的多样艺能中尤值一提的是漆器。他的那些有着独特风韵的漆器作品被誉为“光悦莳绘”，甚至将他尊为中兴之祖也没有丝毫牵强。看他的作品，并非只用笔来描画，另外还有锡、铅、青贝等镶嵌在内，整体上呈现出奔放之趣。大胆地点缀在整体的画或文字之上。将技术如此纯熟地应用得当，他当属第一人。

他的代表作之一是《舟桥砚盒》（所幸此宝现今藏于东京国立博物馆，谁都能随时观瞻）。他凭此作一跃成为大家。在手法上，除了纹样的取舍颇为大胆以外，在形态上也极是新颖。特别是盖子在形上的隆起，是寻常制作者绝难想到的。在形态上由内而外的隆起，从侧面看几乎跟一个半圆似的。

想来这大概便是光悦漆器中最为上品的杰作了。不过我们仅在此讴歌一番就足够了么？他在创作这件作品时到底有着怎样的美的意识呢？在纹样与形上的理解到底有多深刻呢？而这些意识他都超越过去了么？我们在这里倒是能够看到意识的十二分的作用，但是在超越意识的意识里，我们能找得到他的安静的身影么？

再看看这根比作桥的宽织带，看看这近似半球状的弧形盖，彰显的意图怎么都掩盖不了。如此的织带与如此的隆起，已告知众人他的力量绝非寻常。但到底为何非得这样表现不可呢？这种美已经脱离了寻常的土壤，已经开始嫌弃平易。但禅家说“至道无难”，他已经达到那种境界了么？若是能够再精进一段，大概会更加沉稳一些吧。或许会不用织带来表现织带，或许会用稍微的隆起来表现整体球状。动不在静中，则难成其为动。毫无疑问，这只砚盒的魅力能够吸引任何人心，但是否就有足够的深度来安定人心呢？奔放的美自然是美，但那就是所谓玄之美么？

这是一个可以站在意识角度上进行讨论的极好的案例。

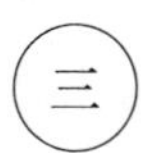

时代是“茶”的时代。首先有千利休[①]，其后有宗旦[②]、织部[③]、远州[④]，而后又出现了长次郎、道入。光悦也非寻常茶人。《旺草》里有这样一段描写：“光悦点茶，即便在极小的空间，也会亲力亲为，实乃一生之福气。”他的眼里心里，有着对多种器物的爱。而各种美相映交织的他的茶境，究竟是怎样的风景？所幸世上还留有他亲自所作的几只茶碗，让我们可窥见一斑。

多才多艺的光悦在陶器上也有一番造诣。只是他的陶瓷作品并不多，一说有五件，一说有七件，还有一说为十件。较为知名的有“不二”、“加贺”、“障子”、“昆沙门堂”、“雪片”、“铁壁”、“太郎坊”等等，如今都是价值万

①千利休：战国时代至桃山时代的商人、茶人，是“空寂茶”的集成者，被尊为茶圣。茶汤的天下三宗匠之一。

②宗旦：千家第三代，宗旦流的始祖，空寂茶精神的继承发扬者。

③织部：古田织部，是千利休的弟子之一，大名茶人。喜好制作新奇形状及纹样的茶器。

④远州：小堀远州。江户时代初期的大名茶人。远州流茶道创始人，其茶道真髓被称作“绮丽闲寂”，在空寂、闲寂上增添了亮丽与丰润。

金的珍品。另外还有无数冒充其作的器皿，可见其名之盛。他与乐常庆以及其子道入都相交甚笃，曾一起开拓了乐烧之道。大和茶碗中，常人总是以乐烧为上上之选，而光悦的茶碗则成为了乐烧的极致。用土有赤有黑，另外还加有白色等等不一而足。

他的茶碗只一眼便可看出许多情趣来。看形态，有腰与底毫无羞怯的浑圆之态；还有大胆一刀切的，其上一条深刮痕。再看底座，轮廓粗犷，且随意拧在一起。表面时而粗糙，时而如波浪状，釉子也以各种色彩将其包裹。从不曾有过相同的作品，每只都是独一无二。有爱茶人绝难忘却之趣。借此告知众人，他的标新立异、他的追求，绝非泛泛之辈。

不过还是让我们再次好好审度一番吧。他的每只作品都是对“茶”的倾诉，其景致大都略显喧嚣，同时也有故作素雅的素雅。所谓茶趣，在他的茶碗中显露无遗。其明显的作为，亦无以遮掩。就“茶”而言，就美来讲，是仁者见仁智者见智的。但若他作品里尚有养分可供汲取，是否就应当原谅以这些作品为终点的他呢？这些茶碗绝非寻常。然而禅家宗旨却是“平常心”。为何不能更为平心坦然地去制作呢？追求素雅，结局就是在花哨中沉沦。正如古人所言："遣有没有，从空背空[①]。"而他也是尚未从此孽中解脱出来的。

好茶者，总是沉溺于"茶"。好"茶"却无法超越"茶"，终究不是正确的"茶"。为"茶"而制的茶碗，不花哨的到底有多少？我是无法把那些茶碗与尽善尽美的光悦对等画钩的。沉沦于趣味中的器物，我从来都不屑一顾。睿智的作者大抵都会自省感悟，他曾记录道："予不以陶器为家业，只因寻得鹰峰之佳土，惜之，故而制得，并无心留铭陶器。"

连在陶器上他也是留有大作之人，其多才多艺实在值得赞美。但多才多艺就一定应当赞美么？每一种才每一种艺最终都能有所成就么？光悦之作并非寻常，不过那就可以说达到行家之境了么？若是还差一截，那他的工作又该如何评价呢？或者可以说他并非陶工，所以才能如此自由自在地构筑作品，但这并非正确的批评。艺术之道，必须是奉献身心之道。光悦并不以陶器为家业，如若他潜心钻研陶技并不断磨砺，那他的境界绝不会仅仅停留在那样的作品之中。远眺他的茶碗作品，可以看出尚缺陶工的

①遣有没有，从空背空：想遣除有，就会增一层妄念，淹没在有里面；想往外寻觅空，去求证空，就会背离了空。

娴熟。

他的陶器以雅趣发端且以雅趣终焉。但他所钟爱的高丽茶碗却只是杂器，是真正的陶瓷，是一代大业，而非追求素雅而故意作为之物。但我们却找不到比其更为素雅之物。这是所见者不应轻易忽视的一点。

有意识的人，该如何超越意识？光悦并未在他的茶碗上对此问作答。

四

据闻，光悦对自己有相当的自信。“某日近卫三藐院大人向光悦讨教，当今天下能书者何人？光悦对答曰‘第一人’、‘其次是大人您’、‘再者为八幡的毛头’（指松花堂）。接着大人又问，‘第一人’是何人？光悦对答曰‘不胜惶恐正是在下’。于是顷刻间此三人天下闻名。”

光悦流派、近卫流派、泷本流派，三派并肩齐驱的书法时代来临。多才多艺的光悦被尊为一流的始祖亦是必然结果。他的书法汲取了空海、贯之、道风的精髓，弟子有乌丸光广、角仓素庵、小岛宗真。

他对和汉两体运用自如，得心应手，现有数册经书流传于世。另外显得别具一格的是他的和歌文字，即在纹样纸张上大胆落笔，笔画粗劲毫无怯意。真正是三名家之一。

不过他的书法究竟替他自身添了多少分还有待商榷。虽说他的和风书体游刃有余，但比其更佳的书法其他还有很多。被他评为第二的近卫三藐院，其书法实际上要超他很大一截。他写得最好的字，要算他本来未曾用心写的书信。书信里的字里，才有最为率直的他本身。与之相比，其他的文字总显得多有夸张。毫无疑问他是一位很会写字的书法家，可惜会写不等于真写。他喜好在纹样纸张上书写和歌，但看那些漂亮的纹样，难道只有我一人在叹若是没有那些字该多好么？以图案为底，并在其上书写这件事并没有错，只是他的作品看起来图案极佳，而文字却显生硬。倘若文字不能升华到图案纹样的高度，这种书写方式就是欠佳的。

他还留有几幅匾额，比他那些生硬的文字要美太多。这里有两种力拯救了他，一是雕刻师的再创作，把他生硬的棱角磨平了；二是时间，令他的文字显得越来越柔和。这两种力让他的文字更接近于纹样。较之刚雕刻之时，如今的字毫无疑问是远为美观的。拯救他的并非是他自身，而是与他遥遥相隔的他力。匾额之美正是他力所赐。在器物之美上，千万不可忘却他力的意义。

五

庆长时代，光悦受角仓素庵所托，将几本书做了活字版。现如今称之为光悦本，或嵯峨本，或角仓版。喜好书籍者是决然不会忘记这次刊行的，如若编撰古代和书的书志，第一章要写的必然是这几本。

往上追溯，可知是受了平安时代纸张装潢的影响，而其插画也多借助了奈良绘本之力。但那个时代刚有穿插平假名的活字本出现，想来正是因光悦的成就而发扬光大的。其后的时代有多种开版，皆可见其中借助光悦之力的地方甚多。今日传世的光悦本或嵯峨本，有《谣曲本》、《舞本》、《方丈记》、《百人一首》、《伊势物语》、《源氏物语》、《徒然草》等其他十余部。

虽然不知他究竟参与了多少，不过装订本的设计出自他之手这点，是毋庸置疑的。之中最为显著的特色要属用纸与活字这两方面。今日还能见到印有“纸师宗二”的纸张。其实宗二后来与光悦住得很近，连鹰峰的古地图上也记有“口十五间宗二”的字样。光悦按自己的喜好制作过大量的纸张，大部分是纸质甚佳的雁皮纸。并添以胡粉碾压，描上各种图案纹样，再用云母加以研磨。另外，他还把纸染上红、黄、青等多种色彩，并按自己喜好混合使用。因此最后的成书绝非寻常。书中文字不仅有图案装饰，还有颜色衬托。在装订上多为折本，其中也不乏线装本。

他的另一个抱负就是对文字的样式创新。虽说也是活字，但跟中国的字体已然不同，离宋明之风已经有明显距离。而这种字体，其实就是他自己的书写字体，即当时书法三大家之一的字体。大概也是人心之所向吧，他将其雕作了木版，忠实再现了自己的笔意。想是当时他众多的弟子都有所参与吧。他的字体并非楷书，而是混杂假名的行书体。于是开版的种种书籍都被称作嵯峨本。角仓素庵是出版方，所以也称作角仓版。他的此番企划无疑加深了书籍的意义，是值得特别表彰的一大功绩。他对美之世界的爱，终于波及到了书籍界。他耗费大量心血给书籍界增添了许多精彩的装订本，成为和书历史上不可或缺的一页。

但当把光悦本置于面前时，我不禁试问，如若换做自己是否会做相同之事。我无法无视其中的种种不正确。他的云母纹样的纸张的确很美，也确实是除他以外不可能生成的。但把这种纸张用作书籍纸就一定正确么？就一定比无纹白纸更好么？作为书籍，第一要义是用以阅读而非观赏，主次关系不可颠倒。试问可有比贵妇打扮得更花枝招展的奴婢？书籍不能忽略阅读的要义而仅只追求外观之美。书籍的美，在于作为阅读载体的美，而非其他。

光悦喜好将三五种色纸混合使用。色彩本身并不赖，但这样就能令书籍更正确么？这只不过是玩弄嗜好罢了。即便是优雅的嗜好，若无所得，也是没有意义的。而最大的错误在于把书籍做成了观瞻品。即便外表看来极美，但作为书籍就难以言美了。因为并未按其用途的正道行走。工艺之道不能以嗜好为终焉。

再看看活字。他把自己的亲笔书原封不动地雕作了木版，且精益求精。但亲笔书的字体风格就适合印刷的版式么？版式带有公的性质，必然有超越个人字体的追求，因此自然应提升至“型”的范畴。比如汉代隶书体、六朝碑文体、宋明印刷体，这些都不是个人的东西。西方也是一样，从中世纪的彩饰本到十五世纪之后的活字本，无一例外都有对字形样式的追求。“公”的活字里不应当残留“私”。书籍字体追求个人风格，难道不是一种后退、一种错误？他已然忘却了版法。诸多的嵯峨本，光悦字体越是逼真则越是丑陋，因为那并未被提升到活字体的型的范畴。即便真的很美，也是不具备出版资格的。可以把他当做光悦本制作者的美术家，但却不能是工艺家。不遵守工艺的常道，便不可能尽显书籍之美。

再添一句。在古代和书的印刷书籍里，《谣曲本》的版式大抵该算作最显寒碜的了。这莫非就是因为受了光悦本的影响？

光悦的遗物并不多，其中只有画的作品则更是极少。他缺乏在绘画领域的大作，所以要称其为画家显得有些牵强。但我却认为光悦没有比其画家身份更当之无愧的了。在他的多才多艺里，大概只有画展示出了最为自由的他本身。称他为工艺家有一定的难度，但作为美术家却游刃有余。他的漆器也好陶器也罢，虽然创意甚佳，但仍不曾走出尝试的范围。在所有工艺品创作中，其技其心，准备都尚不充分。但在绘画领域，他却遥遥领先。绘画之道对美术家来说，无疑是最为直接的道路。这点也被后来的乾山所反复证明。作为陶工的乾山，是远远不够的；但作为画家，他几乎可以跟宗达并驾齐驱。

光悦汲取了土佐流派的养分，平家的纳经、扇面的古写经、桧扇等都是他的美之泉。他的画风也并非突如自创，但是不能否认所谓大和风的日本画之美正是由他所开拓的。与汉风中国画的锋锐与坚硬全然不同，他的画柔和而丰润，而且极为自由舒缓。最常用的题材是花草树木。若是缺乏对自然之美的爱与情，如此温厚的画作是描绘不出来的。即便他只有这些画，也是顶天立地的。

跟多种佳美之作一样，他的画也是极为装饰性的。与其称之画，不如称作图案。在此意义上，他的画反倒是工艺性的。正好与他的工艺品反倒是美术性的相对，很有意思。较之工艺品领域，他在绘画领域里才能算一位工艺家。而他的画才是真正出色的图案画。

可惜的是他的画作太少。而且大都是记载和歌纸张上的图案纹样。他从不以画家自居，但这并不妨碍他人将他奉为一代宗师。光悦派正是始于光悦（绝对不可误称作光琳派，那是对他的冒渎）。不过光悦派虽然始于光悦，但他并不是将其发扬光大的那一位。把光悦派拓宽拓深的无他，正是宗达。宗达是名副其实的画师，是将自己一生都奉献给绘画的人。我认为宗达是日本最伟大的画师之一。光悦派因宗达之才而达至绝顶。而宗达之后，不辱祖师之名的还有画师乾山，他给世人留下了真正佳美的画作。

（多说一句。光悦派里总会添上光琳与抱一这两人。从画风上看也并无不妥，但光琳只不过把同样的东西装进了新的形式之中，他与宗达相去甚远。这点批评家们不可视而不见。抱一的画作则只能算是末期的羸弱之作，并无多大的讨论价值。）

元和元年（1615）光悦五十八岁时，德川家康赐予他鹰峰一地。京城以北二十丁，往丹波方向直至大德寺附近的一块地。《行状记》中有载：“拜领之地乃鹰峰之麓。东西二百余间，南北七町之原也。”东到玄泽，西至纸屋川，南达土手，北通爱宕山沿。这片原野地处郊外，原本人烟稀少，但以光悦为主心轴，逐渐聚集了很多的人。幸好光悦近亲的片冈家中还藏有一帧古地图，可追思往昔。而地名据闻从初始便是光悦町。

光悦身边的众多知友工匠，都在此町安家落户。笃信佛教的光悦定下寺域设下牌位堂，还于晚年结成一庵，名曰大虚庵。我们当初被此町吸引，正是因为这里已经成为以光悦为中心的艺苑之村。此后他多面的才能终于有了全面发挥的机会，时机来临了。他的土地上住的是一群怎样的工匠？其中大都有姓名记录，但并无生平事迹。为世人所知的仅纸师宗二、笔屋妙喜两人。其他漆师、铸物师、陶艺师、车工师等应该都是各自分了一栋房的。这样便出现了一个以光悦为中心的行会。世上能有如此境遇之人，应当不多。而对于从事多种工艺的人来说，这样的生活才是最为理想的。只是当代的我们无法得知那段时期众人的工作事迹，不得不算作一种遗憾。

直至八十岁离世，光悦在此居住了二十二年。正是他的德望与睿智，令一门同心，且平和相处了这么多年。这在历史上也算一大奇事了。他的存在赢得了众人的敬慕。曾经人烟稀少的鹰峰，如今已是来访者频频，显得极为热闹。硕学林罗山写下《鹰峰记》，灰屋绍益以《旺草》为题记下师尊的生活点滴，也都是在这段时期。当时还有不少其他著名的艺苑之士，但恐怕没有任何人在生活上、德望上曾超越过光悦。鹰峰是他的受封之地，不过若非他，这块地大概是无法物尽其用的吧。当时喜好“茶”者甚多，可还有其他人比光悦更有深度更有内涵的么？光悦作为一个纯粹的人，比其他任何身份都闪亮。他是茶人，但首先是一个纯粹的人。

在声望渐长的时日里，他的生活却一直是朴素简单的。据《行状记》记载，“光悦特立独行，二十岁至八十岁卒，可学之处甚多，小厮一人炊事一人，一生中生活简朴，无所谄媚”。《旺草》里说他几乎是手不碰钱的，“光悦一生甚至不知渡世之俗”，“只素淡对待自身……住宅也仅喜小而陋者”。他把贵重物品大都赠予了知友，还曾言“把玩粗物足矣”，最喜好的不过简简单单的茶。晚年结成一庵，称大虚庵，是因为他的夙愿就是前往大虚之境。如若没有他的这种质朴谦逊的生活态度，鹰峰的繁荣大概是不存在的吧。正确的生活，是成就光悦所有的根基。

光悦于宽永十四年（1637）二月三日过世。孙子光甫，很好地继承了祖父的血统。但至曾孙光传，已无余力维系鹰峰，最终不得已将其返还给了幕府。此时距光悦离世不过短短四十二年光阴。于是光悦町的历史便在此终结，实在略显简短。不知是因为光悦一人的光芒终于黯淡的缘故，还是光悦町在一门的所有上有所限的缘故？也许是因为缺少令遗业复苏的灵魂人物，或者也可能是工作止步于个人未能移步于组织的原因吧。总之，失去光悦的光悦町终于结束了它短暂而寂寞的历史。如今只残留着一些墓，已没了工艺之町的踪影。虽然慕名而来拜访光悦寺的人至今也络绎不绝，但那也只是对过往的一种追忆罢了。然而，这并非替他祈求冥福的正确之路，应当有一位继承光悦衣钵的后继者出现，来继续他未竟的事业。

茶器

一

好“茶”者甚众，而研“茶”者亦众。但人们对茶器的所见，依然鲁笨。究竟是什么让人们今日的眼光衰弱得如此厉害？所知者与所见者是不同的，大抵全都如此。给人以极有失偏颇的感觉。知之能力即便再大，如若不以鉴赏之力相伴，到底能否宣称获得了知还是一个问题。在知之前若不先去见，那所谓知又是知的什么？对文献的考证与注释整理，旁枝末节怎样繁多也无关紧要，但若缺失了关键的一段文本，结局其实就等于损失了全部。所以，物不可仅以所知来认识。在细小处的完美无法赢得整体的完美，所以从“知”也无法生出“见”来。

此事在信仰上也是一样。知后而不信者，知后而笃信者，都将为信所抛弃。此番深义在“茶”的学问上、在

“茶”的修养上，却被忘得一干二净，实在不可思议。首先必须要看，而且非要“看清”不可。这样才能让“知”深邃起来。

二

日前拜读一本学者所著的与茶器相关的书籍，更是加深了我对上文观点的认识。学者的学识自然有独到之处，但令人困惑的是，连对一些极其无聊的茶器都有连篇累牍的详细描述，实在让人不厌其烦。我不明白作者到底是在看什么，究竟又要看什么。对好坏的取舍，知的力量从来都是羸弱的。

一旦有新文献出现，作者的笔触便雀跃起来。可是为何非得借助文献的力量不可？文献是间接的，作者自身为何不直接去看物呢？直观里才有真正的确信，而文献类仅做参考就好。可惜这位作者却用知识来引导权威。

我一看插图不禁后悔万分。所见之力的力量是隐匿不住的。无论书里文字如何洋洋洒洒上万言，只需看一眼插图，便都成了空谈。世上这种书为何会如此之多？实在让人倦怠不堪。而真正想要的器物，却难以现身。到底在哪里？作者是不会回答此类问题的，因为回答不了。这便是未曾“看清”的证据。

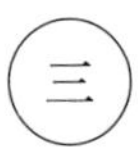

前些日子一位朋友邀请我参加仁清与乾山的展会。这位朋友是诚实的学者，让我的确很想去看看。但目的绝不是为了去看仁清或者乾山。他们的茶器从一开始就让我提不起兴趣。所以即便去，也是再去看看那些所谓名器是如何浪得虚名的。只不过当时我刚好大病初愈，这种不着边的目的实在不足以成为出行的理由，于是我选择了放弃。我实在不明白为何茶界要对那样的作品念念不忘。

我在回函信上这样写道：“不日民艺馆也将展出一批非茶器的茶器，以及不有名的名器。”若非如此，是无法打破因袭的陋习的。这绝非我的傲慢，亦非我的独断。那些万人瞩目的“井户茶碗”抑或“肩冲茶筒”，原本都并非茶器。而令其成为如今人人皆知的名器，正是初期的茶人。我们为何不可学学他们，也爽快地创作一回呢？如若有此能力，决然不会再在仁清等名上纠结往复，因为各处藏匿的更为佳美的器物还急待发掘。

四

茶人学者们为何不多练练自身的眼力呢？为何不争当一名“所见作家”呢？为因袭所束缚的结果，就是举步维艰。其中最大的敌人就是留铭。如今很多人都认为只有留铭才有“茶”，可见留铭寄托着人们无上的信赖。但就是所谓留铭，令他们的眼睛蒙上阴翳，他们只见留铭不见物，至多以留铭来见物。若是没有留铭，则就看不见物了。就是如此病入膏肓。如若有看清器物的能力，留铭与否真的可有可无，真的无关紧要。留铭反倒会给所见者添加一副有色眼镜，所以才会有看走眼这种事情发生。为何不裸眼去看，不赤手去触碰呢？初期的茶人们不正是这样去做的么？过去他们可曾以留铭与否去判断过？大名物的任何一只，可有留铭？

盘圭禅师是德川时代绝无仅有的禅僧。他只以“不生”一语去应对万机，不借用经典祖训，也不依赖参禅。所以时常被僧人诘问，圆悟、大慧等宋代禅师曾为后学者提出许多参禅话头，但恩师为何不那样做呢。恩师如此回答：“圆悟、大慧以前的宗师们，可有什么参禅话头？”而如今留铭以前的“茶”的说法，人们以为都是绝对必要的。

五

有本茶器的书籍这样主张：从高丽的“井户”到大和的“黑茶碗”，完成了茶器的飞跃式发展。茶碗的极致就在于“黑乐烧”。前者是无铭的器物，后者是留铭的茶器。从自然生成之物，到用心做成之物，其推移是从无意识到意识的进步，是从外来之物到大和之物的拔高。此过程见证了历史，因而“黑乐烧”的价值当然应予以肯定。

这段主张看似很有道理，但作者真的是用物来讲述历史的吗？是用眼去见证过历史的吗？实难想象。其实他只不过是用知识将历史缝合起来了而已。而“乐烧”，在事实上却正是茶碗堕落的原因。我们不能对此视而不见。

茶人们在对完成品的否定之中见到了美，从而讴歌了未完成品的自由。这毫无疑问是初期茶人们的创造性见解。但由此却让后来的茶人们以为不完全才是美的条件，甚而下意识地去制作不完全品。这是一个显而易见的心理过程。手工抹茶碗成为上上之选，而其形也被故意扭曲、歪斜，还加上某些凹陷与瑕疵，以为这样就可以保证风雅。“乐烧”的出现正是无须言语的明证。三百年来的茶器鉴赏始终未曾跳出这个怪圈，连光悦也是一样。

然而，止于意识之物，能拥有无上之美么？这个问题难道不是千年前已经被禅僧们解决了么？临济禅师有言：“但莫造作，只是平常。”而造作的“乐烧”里能有多深的美存在呢？一直看是会看腻的，其形的歪斜之类只是搔首弄姿罢了。所谓清寂在哪里？所谓素雅哪里有？有位茶人曾这样说过：“茶碗即高丽。”也就是说茶碗仅限于朝鲜之物。这位鉴赏家的正确眼光没有可怀疑的余地。抹茶碗从大和的“黑茶碗”开始就有了乱象，而留铭之物能胜过无铭之物的至今还未出现。“井户”依然是茶碗中岿然不动的王者。如若既称赞“井户”也恭维“乐烧”，那便是看不见“井户”也看不清“乐烧”的证据。

不过，为何“井户”才是真资格的呢？因其是正统的陶瓷。所以作为茶碗也仍然是正统的陶瓷。黑茶碗之类只不过是异类罢了，无非求新求异之物，毕竟从未脱离游玩之心。而“井户”却不是由趣味生成的，而是地道纯粹的器具。这种显然的区别，茶人们怎么就忘记了呢？

这里所谓的正统，指的是寻常之意，或者指率直而理所当然之心。换言之，将其称作安宁之物或许更为确切。但若细想，那些平凡的特性又将带来什么呢？在现实里，有可能从寻常之境生出不寻常之物么？禅僧在不停歇地教诲“平常心”之深，而这也正是终极的教诲。“井户”之美，是寻常的美，是安宁的美。而这也正是其拥有别处所不可得之美的理由。造作的“乐烧”在求新求异，在追逐非凡，那种茶器也是适合盛茶的吗？若是有后世的茶人用之而窃喜，那茶也就沦为了无可救药之物。“井户”的好，在于其本身是饭茶碗这个平易的身份，在这个身份前，“乐烧”难道就没有羞怯之心？用“乐烧”品茶，“茶禅一味”这样的话还真难说出口。造作而异类的“乐烧”难道与禅意不正好是背道而驰的吗？即便叱喝加大棒，大概也无济于事。“乐烧”的弱点，一言以蔽之，就在于其并非正统的陶瓷。离开安宁之美，还会有茶器存在么？自千利休以后，“茶”便开始走下坡路。比如远州之类，所犯错误绝非三言两语说得清的。而那些留铭茶器，能有超越“井户”之美的么？

七

然而，这绝对不是否认周围会有美品的存在，只是尚缺所见者罢了。正统的陶瓷多如牛毛，不过绝大多数人都还不曾拥有从中发掘出名器的自由。只有那些放弃留铭，任由他力完成的器物，才能让我们的眼睛变得繁忙。如果出现了有非凡眼力之人，要发掘出比肩“井户”的宝贝，大概也是不会觉得特别困难的。有太多的器物，还在等待着与所见者的会面。

饭碗、汁碗、茶碗、荞麦面碗、乌冬面碗，这些决不可粗鄙待之。小壶、浆糊瓶、调味瓶类等，不能因其无铭而便宜就轻易忽视掉了。盐罐、种子罐、砂糖罐等，也不能因其粗糙就忽略掉了。因为，茶碗、茶罐、水壶等未来的名器，就隐匿在某个不显眼之处。无铭器具的领域，才正是茶器的宝库，才藏有我们的期待。初期的茶人们不正是从无铭器物之中自由地甄别出了那么多的名器么？而且还把并非茶器之物升华成了茶器么？这段事实告诉我们什么呢？告诉我们正是那些无铭而当然的杂器，才更多地拥有成为名器的希望。而能将其发掘出来的人，是当之无愧的创作家。难道茶人本身不就应该是这样的创作家么？

茶器的堕落始于铭的出现。为何会发生这种情况呢？意识之路是一条坎坷难行之路，许多人都倒在了作为的孽上。而因自身力量不足而终者，却鲜少有之。所谓成也萧何败也萧何。留铭之物的命运很是严苛，小我会妨碍救济。总之，无铭之物让其难以企及的，其实就是留铭本身这件事。

长次郎后三百余年，“乐烧”的历史上也出现了许多新的名字，但不幸的是几乎所有的人都败在了作为之道上，而成功脱离造作到达安宁之境者，竟不存在。留铭的历史，实乃罪孽的历史，这一点是不可以被藏匿的。

但人类必须要把这意识的坎坷难行之路走完，必须要走到沉浸于意识且超于意识的道路上去。如果成功，那将会有一条崭新之路出现在我们面前。留铭之物，也并非就一定不能出彩。“井户”是他力所完成的作品，有救赎也就理所当然。如若全凭自力，那将达到见性的禅境。再由谁把自力之道引往美的世界，也是完全有可能的。

九

意识必须首先是自发认识到意识之罪的意识。这种自发认识，将令创作家不再囿于“乐烧”的境地。其睿智是更为聪颖的。这种造作首先是从被定义为造作的否定开始的。所以出现的并非单纯的造作，个人的茶器必须从这里开始起步。

道路崎岖难行，因为要全凭自己之力前行。但如若得以走完全程，便会别有洞天。禅僧以自身告知了我们这个秘诀。立身于个性的所有创作家们，都是美之国的禅僧。道路崎岖坎坷是肯定的，但也肯定有能走完全程的人。那时自力与他力，二者为二，同时又二者归一，所经之路即便不同，到达的也是同一个世界。茶器则必须要有并非“井户”的“井户”出现的。

幸运的是，今日已经有从意识之路上起步之人，而且已经开始为茶器的历史确切地增添了新的一章。我如今正把浜田庄司的作品置于眼前，愉悦地跟大家讲述着这个事实。这是对“乐烧”的大抗议，是对长时间以来茶器所犯谬误的更正。这是一种努力，是通过自力之路，把茶器升华到正统之姿的努力。浜田已经有多数的佳美之作诞生，作为茶器而创作的真正的茶器，其历史可以说正是由浜田所开始书写的。许多有名的陶工总是在历史之中为人所称赞，但我们无须过多计较，因为浜田之作已经是出类拔萃，至今无人可比的了。大和茶器是始于浜田这点，我们亦无须过多踌躇。茶人们还未曾对其作品给予充分的肯定，历史学家们也还未曾对其地位有足够的评价，这是因为大家都被一直以来的观点看法所囚禁，是因为茶器被一直束缚在某种定型之中。但“茶”必须进化，而与此相应，茶器也必须进化。浜田无疑用他的多数作品，给出了最好的答案。可要让这个答案得到公认，大概还需要等半个世纪之久。待真理变得明晰，大多数人一定会率直地承认这个事实。而我们需要期待的，是继浜田之后还有新的创作家们陆续出现，来升华茶器，来书写一段新的茶器历史。对茶器史来说，现今，就是最为有趣的时代之一。

必须把所见者与创作者的力量合二为一，令“茶”回归正统，这样才能超出利休、远州的时代，成就更为光辉的业绩。我对此坚信不疑。

茶器的美与禅

一

所谓茶器之美，抑或称作茶美，到底是怎样一种美？是具有何种特性的美？

冈仓天心在他那本有名的《茶之书》里，称其为“不完全之美”。无可否认，在茶器与茶室之中所呈现的美，的确有这种意趣。若作进一步的阐明，即是说，不完全之物中才寄托了美，而完全之物里至少是没有“茶”之美的。完全之物为何难以有美感存在，其实也并不难理解。

假设用圆规画一个正规的圆，然后再用娴熟之手自由地画一个圆。从完全的角度上看，前者更佳；但若从美的角度上看，则后者更佳。这是为何？如果用冈仓天心的论点来说明，前者是因为完全，所以其美便不充分；后者是因为不完全，所以其美则愈增。因此，茶器如若没有这种不完全，便不会美。这里的美，即是“不完全之物的美”。

那为何完全之物的美感会被削弱呢？我认为应当这样解释：完全之物，是不完全以外之物，因此完全之物，是其所具有的“完全”的性质所决定的。也即是限定于“完全”之内的。所以处于定则之内，并无余裕，也无法给心绪带来一丝半毫的自在。而太过精准，则不免令人感觉局促，不免与舒缓、自在的世界相去甚远。因此，如若以茶碗为例，假设辘轳是正确的，没有任何的倾斜，表面也是平整的，则整体给人以坚固而冰冷的感觉。而正是这种坚固和冰冷，扼杀了美。所以说，太过完全之形，无法将心润泽，亦无法赋予余裕，我们自然是不能称其为无上之美的。而非完全之形，即不完全，便成为了美之要素中至关紧要的一点。娴熟之手所绘的线条，不是完全的线条，这是因为手的不自由，也可以反过来说是因为手的自由打破了完全。其实，这种自由才是生出美的母亲。

我经常会这样想，也不得不这样想，如果米洛的维纳斯双臂健全，是完全之物，现在大抵是不太可能被安置在卢浮宫的某一专用房间中央的。残臂是不完全的，但正是这种不完全使得女神像显出了无上之美。在人像雕塑上，是因为不完全而增添了美。而其他比如城郭之美，也是化为废墟的更显得美。古画之美，其并非新品这一点也是极其重要的。那为何不完全之物反倒会让人感觉更美呢？以下的说明不知尚可否？不完全之物，是有余韵的。余韵是非限定的，能将心引至更高之境。不完全之物里，是藏有梦想的，从而让我们成为有想象力的人。完全之物则与之相反，是有严格定义的，于是就把所见者的创造力封存了起来。因此，不完全之物，可以让我们的心进入更为自由的境界，即赠予了我们余裕与宽容。当然，不完全也不可过度，过度的不完全并不在我们的讨论范畴里。总之，比起完全之物，不完全之物更能让心得到休憩。其温润与亲切，让美感变得温暖而美好。不完全之物，才让人有诗意萌生。

古代茶人们所钟爱的茶器，便是极好的例子。比如“井户茶碗”，触及心灵的歪斜之形，粗糙的表层肌肤及梅花皮，不规则的底座，另外还有裂纹、硬伤及其他，无论哪个方面都算不上完全之物。但如若没有这些意趣，茶碗的美感大概是会被削弱的。这种分析有助于我们理解，不完全才是守护茶碗之美的一大要素。不完全，赠予我们梦想、诗意，让所见者拥有想象之力。所谓佳美的器物，就是能让所见者进入一个创造性世界之中的器物。佳美之物，能让所见者成为创作者。

不过，冈仓天心是怎样理解这种不完全的呢？他认为，不完全是到达完全途中的一种，也即是认为不完全就是尚不完全。明显是把不完全当作完全的对立面在看待。但这种相对的不完全，究竟能否成为美的要素？近来，对冈仓天心之说不甚满意的久松真一博士，则另起炉灶，著了《茶的精神》一书，认为茶之美是对完全的积极性否定。不完全，并不是达到完全途中的一种，而是对完全的否定。美的本体则存在于在这种否定中。在我的思考里，博士的解释确实比冈仓天心更进了一步——不完全不是相对于完全的不完全，而是对完全的否定。

比如刚才画圆的例子，手绘的圆之所以美，不是因其即将到达完全之圆才显得美，而是因其打破了完全之圆。手的不自由，并未在不完全之境里停止画线；而手的自由，却不容许把线条封存于“完全”之中。因此，或者可称其为积极的不完全。

与之相比，冈仓天心的解释只不过是消极的不完全罢了。虽然手绘无法画出圆规那样完全的圆，可以认为手是不自由的；但手其实是自由的，这才能把圆从那种被限定的状态中解放出来。这种手的无限的自由，才是生出圆之美的力量。因此，并非止步于不完全才有了美，而是有着否定完全的自由才有了美。单纯的不完全与否定完全的不完全，是不一样的。茶之美存在于后者。

写“一”这个字也是一样。我们可以用尺子画一条规整的“一”，但其中明显不存在作为文字的美。要写出美感来，必须用手的自由，去打破直线的规整才可。同样道理，并非手的不自由令其不能写得规整，而是手的自由让其无论如何都要打破规整。这种自由，才给予了“一”字无限的变化，令其成为了创作。

可以用久松博士的新观点来解释的便是乐烧茶碗。我们用辘轳就可以把茶碗做得浑圆，但要否定这种浑圆，只能手工去做。而这种手工制作的茶器，就是“乐烧”。形态、杯口、底座等，都是跳出规整之外的曲线。扭曲、凹凸、瑕疵、硬伤等，这些在“乐烧”上能见到的不规则之形，正是对完全进行否定的意识的再现。这种意趣，给日本的陶瓷器带来了莫大的影响，在国外却全然没有类似的变形之器。无论是茶碗、茶筒，还是水壶、水罐，另外一些可视为茶器的陶壶、陶钵、口杯、盘子等陶瓷器上，凹凸与不规整也随处可见，这毫无疑问都是茶意识带来的影响。

近代艺术上，这种不规整之形有着重要的作用，都是意识上对完全的否定。无论在美术史上，还是美学上，这表现得都很明显。因此，在茶道史上，把从“天目茶碗”、“井户茶碗”到“乐烧”的这段推移，看作一种发展，很多人都对“乐烧”之美大加赞扬。赞扬这是舶来品到本土品的一种发展，是无意识到有意识的进步，因此“乐烧”茶碗才那么有趣。借用久松博士的思考，那些都不是在通往完全之路途中的产物，而是对完全进行否定后的产物。而天心居士的解释，就无法阐明“乐烧”之美，以及“濑户黑”之美、“志野”之美、“织部”之美了。因为这些都是更为积极的对不完全的表现。谁都知道，这些茶器的形态都是极端不规整的。

不过，仅这两种学说，就能充分解释茶美的本质了吗？我认为不尽其然。天心居士的论述，也有一部分是可取的，特别是为何完全之物很难有美感这点，可以说很有借鉴意义。但天心居士认为不完全即尚未到达完全，而这种相对的特性，不能够形成美的本质。并非完全之物的这个说法，有别的真意在内，但肯定不会是“止步于不完全的美”。在这一点上，久松博士的思考则更显锋锐。即不完全并非是与完全相对的，而是夺取完全、拭去完全、消除完全之后的不完全。因为是对完全的否定，所以亦可看做已经臻至无之境了。事实上，这个“无”才是博士茶美之说的真意。

然而，这便算将茶美解释清楚了么？我们先需要弄清楚一点，作为对完全的否定这一解释的例证“乐烧”，究竟在茶器中价值几何？我们能从中找到茶器真正的意趣么？另外，“乐烧”真的就是拥有无上之美的茶器么？其中真的藏有“无”的表现么？对这些问题，我实在无法全部加以肯定回答。

无的哲理来源于佛教，而在禅宗里则阐述得更为明了。无，是哲理之中的无，亦是生活中无所不在的无。谁都知道，茶汤与禅宗之间有一层剪不断的深厚因缘。说茶，也即是说禅。而之所以把茶汤深化至茶道的，也正是因为茶之精神深入到了禅之精神。禅与美相结合时，“茶”便诞生了。自古以来茶人与禅僧、茶室与禅刹都是不可分割的。比如大德寺与“茶”的关系，便是典型的例证。可以说，茶是禅在生活中的具象化表现；反之亦然，

“茶”深入到精神层面后便是禅。因此，没有脱离禅的“茶”，“茶”之美亦无法脱离禅之心。小到一个茶器也同样，脱离了禅法，便难以成其为真正的茶器。

禅到底在说什么？禅是无以言尽的，但却无法借用文字来长篇大论，正所谓“不立文字”。可若要解释，终究是不得不用文字来表述。众多的禅文字里，无论选取哪种都不会错。这里就借临济禅师的那句名言来用用：

“无事是贵人，但莫造作，只是平常。”

用通俗的话来说，就是没有什么比得上无事之境，所以别矫揉造作，只是平平常常的就好。这里的“无事”，与《信心铭》里“至道无难”的“无难”是相同的意思；“平常”则是南泉禅师那一句有名的“平常心是道”里的“平常心”所指一样。

这里对禅的理解，可以转为对“无事”的理解，或者对“平常”的理解。“无事”就是没有事，这并非只是与有事相对的无事。而跳到有事无事之争之外的，才是“无事”。“平常”也并非是异常的反义词，跳到平常异常之外的，才是平常的真意。或者即便有平常异常存在，也不拘泥于此二者的境界，才是平常。所以可以这样认为，那是一个不为任何所左右，以其本身的模样、自然的模样所成就的境界。佛教里“如”所指的就是这个。真宗所说的“法自然尔”也是一样。禅所追求的，就是这样的境界。

因此茶美就是“无事之美”、“平常之美”，而非其他。只有拥有这种美的茶器，才能称作佳美之器。如若通过茶器无法感受到这样的意趣，则这种茶器便是失格的。无论怎样的美，都是不可能超越“无事之美”与“平常之美”的。名器之所以能成其为名器，正是因为其中蕴藏了这样的美。如果不是，那就没有称作名器的必要了。无事与平常，完全可以说就是美的无上准则。以此准则为鉴，茶器的真伪、美丑、高下，都可一目了然。

那冈仓天心的“不完全之物”究竟是不是在说“无事”呢？可惜这里的“不完全”是与完全相对的不完全，所以不可能是“无事”的。最终也只不过是一种有事罢了。与完全相对的不完全，不可能是无事。而久松博士的“对完全的否定”表现的就是无事之境了么？其否定的对象是完全，这本身就是曲折的。对完全的否定就是与完全的斗争，是对完全的征服。可在平常之境、无事之境，可有什么征服的必要么？难道无事之境不是从一开始就无须否定的么？在否定中，何来“本来无一物”？否定只不过是肯定的反面罢了。

有无之美的显现才存在茶之美，这点应当没错，但对完全的否定就能引领我们去往无之境么？即便只是对有的否定，这种否定也并不意味着有新的有出现。对完全的否定，难道不就是临济禅师所告诫的造作么？茶之美中，是不应当残留造作的。且避开抽象理论，看看实例吧。“乐烧”是在对规整的完全之物进行否定的意识上创作出来的。但故意去扭曲形态，难道不就是造作么？故意把底座制作得粗陋，难道不也是造作么？其实，那些扭曲、凹凸、瑕疵等，都只不过是人为策划的所谓美之意识的痕迹罢了。细细想来，怕是没有什么其他作品比得上“乐烧”这样的曲折了吧。从一开始到最终结束，都只有造作，存在着一大堆的有。无论哪里都全然见不到平常之姿，全然不存在无事。作为茶器，已经与美相去甚远，这便是原因。那些一眼便能看出故作姿态的“乐烧”，使用起来是很快就会厌烦的。

有人认为“乐烧”是从一开始就被当做茶器制作出来的，所以最为适用；有人感念于其土质的温厚；也有人醉心于其色彩的绚丽。但这些功德全部加在一起所构筑的造作，又该如何去看待呢？这种异常之姿实在少见，可为何偏要尝试去做呢？因为不喜寻常之姿，所以才挖空心思，想要做出令人满意的形态来。可为何要那般矫揉造作呢?这大概只能归结为对完全的否定这种意识所导致的行为了。

“乐烧”是个好例子，完美解释了对完全的否定。但“乐烧”究竟是不是美的才是关键问题。我的回答是，并没有美存在。之所以这么断定，是因为“乐烧”的姿态是与临济禅师的教诲相左的。“乐烧”的性质是与无事之境相去甚远的，里面找不到“无”之美——即便是有伪装的“无”之美。

在此我们需要弄清楚“乐烧”的扭曲，与“井户茶碗”的扭曲是有本质区别的。“井户”是自然扭曲成形的。有名的“梅花皮”，也是无造作的。原本跟这些“井户”一样的“朝鲜陶瓷”都是当时的杂器而已，并非计划制作的茶器。而制作者，即便是有美意识的，也并未表露出来。只是一群普普通通的陶工，做出了普普通通的陶器而已。与所谓美的作为，是全然无缘的。

而相比之下，“乐烧”则故意制作出了扭曲，是原本就存了意识要去制作风雅的茶器出来。没有造作，就没有“乐烧”。如果“井户”之美是“平常之美”，那“乐烧”就是“异常之美”。无造作与造作是相对的，无与有也是相对的。但与其说相对，不如说是次元的不同更为恰当。因此，作为茶器的“井户茶碗”与“乐烧”，本就是程度不同的东西，其性质自然也不同。我没有“乐烧”，因为有“井户”就足够满意了。“乐烧”的初期作品之所以更好，是因为没有后期作品的造作那么露骨。但总而言之，“乐烧”是造作的“乐烧”，这个观点已是定论。这便是无造作的“井户”远胜于造作的“乐烧”最关键的理由。

这样思考下来，“对完全的否定”其实也尚不能充分地解释茶之美。那“井户茶碗”那样的美，究竟从何而来的呢？是从完全与不完全尚未有分别之境生出的。这种未生，才是“井户茶碗”的美的基础。因此，茶之美的本质，并非存在于到达完全途中的不完全，也不存在于对完全的否定之中；而是存在于完全不完全的区别之外，存在于未生之境。

盘圭禅师一直以来有“不生”的教诲，这一语已破万机。众人皆知禅宗里的“未生”有很多的解释，这未生之美，且让我用一些个例来逐次阐明。

三

“井户茶碗”是茶碗中的绝品这点，大概是大多数茶人所一致认同的。一直以来“茶碗数高丽”这句话，算是一句确凿的评价。这并不意味着唯有“井户”才美，只是其他的“朝鲜之物”，比如“熊川”、“粉引”、“伊罗保”等的美，亦都以“高丽”为代表。那“井户”到底是在怎样的环境下制作出来的呢？其诞生带有怎样的特性呢？我曾数度前往朝鲜，亲眼目睹过这种工艺品的生产过程，这才解开了其内在美的谜底。

在全罗南道有一处叫做云峰的地方，甚是有名。因其自古以来都是有名的木器产地。特别是一种名为刨钵的产品，别名就是“云峰”。所幸我曾在南部朝鲜旅行之时，抓住了一次绝佳的机会，得以拜访此地。就我们的常识来说，所有的木钵在制作过程中，都需要在粗制之后用两三年的时间让其干燥，而后再细制。否则所有的木钵都会产生皲裂，实在恼人。

但令人惊奇的是，云峰的工房里，竟直接把新鲜的松木置于辘轳之上，一气呵成。木材里富含的新鲜水分成雾状喷溅到我们脸上，一时间松木的清香席卷而来，甚是惬意。然而，那可是新鲜木材啊！

强烈的不安促使我询问木工：“难道不会产生皲裂？”

而木工却露出诧异的表情，反问道：“皲裂可有什么不妥？”

我一听惊愕莫名，这完全出乎意料的回答让我不禁微汗直冒。于是只好继续：“皲裂了不就坏了吗？”

“那修一修就好了。”

这番对话并非禅问，但明显是我彻底输了。我被木钵是不可皲裂的固定价值观所束缚。后来我见到了经过修缮的木钵。修缮方法实在高明，其美比原先又增了一层。也就是说，未曾皲裂的很不错，皲裂了的更加不错。木工们的工作，与认为皲裂是丑的我们的工作，便有了很大的不同。朝鲜的木器，经常可见许多扭曲，那便是毫无顾忌地用新鲜木材制作出来的。

然而就是这种扭曲，即所谓不完全，带给鉴赏者以心的舒缓自在，并让人倍感亲切。较之正确工整之形，那是一种更有余裕的形状，其内在雅致亦更丰富。所有朝鲜之物的美，其源头都来自于这里。也就是说，在全然不在乎扭曲与否的境界中去生产器物。没有对不裂的执着，亦没有对裂的执着。他们并非是因为中意于不完全才这样做，亦非因为否定完全而这么做。他们的工作对此全然不作区别，只是因为做而做。

再看看磁窑吧，大家一定会惊异于其工房的自然，与其制作方式的无造作感。工作场地是起伏的，并未苛求平坦。连旋转的辘轳也是歪的。这难道是因为需要歪斜才好？不。同时也并不存有一定需要端正、平衡的心思。怎么都好。所以自然就歪斜了。大概大家都认为，辘轳原本就该这样。所以也不苛求平衡。

柴薪也并不似日本那样仅限于红松。也不像日本那样规规矩矩切成大小匀整的块儿，原样就好。所以燃不起来的相当多。但燃不起来就罢了，亦不去苛求。没有已被设定的规矩必须要去遵守。任其自然，便是宗旨。而“井户茶碗”就是在这样的地方诞生的。

朝鲜的建筑也是一样。在日本，檐前的柱子其尺寸大小是有规格的，并且切割成棱状。那些原本弯曲的木材是在使用范畴之外的。而朝鲜的柱子，多为粗糙的圆柱状，一些稍微弯曲的也毫无顾忌并列其中。地板与走廊在日本是一定要用规整的木板并作笔直的排列。而朝鲜却不一定，稍微歪斜一些也无妨，歪着排列就好。柱子也不似日本那样一定要削刨得如镜面一般光亮整洁，而唯一显得较为平整的只有隔扇的门槛而已。原本就不存在最后的削刨，与吹毛求疵又神经质的日本人很是不同。

日本的桐木柜抽屉可以轻松滑溜地开与关，那种令人惊异的精练技术在朝鲜的木柜里全然找不到，他们的大都重而涩，大概都认为抽屉就该是那样的吧。若是说得不好听，是手艺笨拙，但里面却有一种全然的余裕，不会令人感到丝毫的困窘。无须拘泥于任何地方，连尺寸大小也是，相同也好不同也罢。日本是先量好尺寸再做，朝鲜是做好之后再说。只要凑合就好。朝鲜原本就不存在所谓标准。

因此，先于做出的成品到底是美是丑这种考量以前，制作已经完成。我们是在判明了美丑之后才开始去制作，而朝鲜却是在判明以前就制作好了。我们总是被完全与不完全的对峙观念所左右。但“井户茶碗”的制作者，是在尚无观念分歧之前就做出了成品。即在一切都还未有分别、未曾对峙、未作争论之时，在还没有任何波澜起伏之前，所有都是纯然的模样，在至纯之境，制作便已然完成。而这种至纯之境，便可称作无事。这种状态，便可称作平常。“井户茶碗”之美，就是“无事之美”、“平常之美”。其内的雅致，是不拘泥于任何其他，由其自身达成的结果，没有所谓策划。正因为没有造作，内在的雅致便显得更为深邃。

于是可以这样看，“乐烧”是在有美丑之别以后的作品，“井户”是在美丑之别以前的作品。这里所说的以前，并非是指时间的差别，而是前后未生之意。是一种美与丑的争论还未发生之前的境地。

《大无量寿经》里所记录的四十八愿之第四愿，即“无有好丑”之愿，所指便是这种境地。“井户茶碗”之美，正是“无有美好之物与丑陋之物”的世界里所存在之物。而“乐烧”却是在回避丑陋、追求美好的过程中产生的。“井户”与“乐烧”之间是有根本性差异的，我们不能对这一事实不作任何了解。抛弃丑而追求美，只能位居其次。对美的执着，反倒会残留一些美的渣滓。不能通达超越美的境地，就不可能存在真正的美。毫无造作的“井户茶碗”，正是被其自身的无造作所拯救。“井户茶碗”是“纯然天成”之物，即便它是人类所制作的，那种制作方式也是“纯然天成”的。这便是“井户茶碗”的“平常之美”的保证。“井户茶碗”不存在于“平常之美”以外。而相较之下，“乐烧”只不过是造作的产物，并以造作而终，无以拯救。

妙好人吉兵卫在还很年轻的时候，因困惑于后世的问题而出家求道。他想弄明白何为“平生业成”，想得到实证。在问遍得道高僧之后仍然对答案没有信心，甚至觉得若是不能弄清会“死不瞑目”的。某天，吉兵卫有缘见到了僧人元明，并申明“如若求道不成，将死不瞑目”。元明听后轻言一句：“不如死一次试试?”吉兵卫闻言，忽而顿悟，原来自己是被安心去死的欲念所囚。死也好不死也罢的这种境地，他从来都不曾知晓。吉兵卫得道的这番逸事，对探知美的本质之路有着极大的启示。

朝鲜的物品制作，不求完全，也不求不完全，从始至终没有任何执念。美与丑还不曾有分别，更不曾对立对峙。制作中，没有对肯定的执着，亦没有对否定的执着，只是淡然地着实地进行着。这种坦然的境地，不正是“无事之境”么?

“井户”的美，是无碍之美。而“乐烧”却没有无碍的品性，没有无碍之美。其宿命在于对美的执念、对雅致的执念，以至于无法从造作之中抽身出来。难道我们应该把这种造作之物仍然尊奉为茶器么?

“乐烧”的历史，是与禅意背离的历史。所以“乐烧”怎可能让人满意？即便我对“乐烧”没有任何收藏，也毫不在意，因为它实在与“茶”不般配，至少从追求禅茶一味的视角来看是这样的。

且让我再添上一句。“乐烧”若是作为“十艺”之一而因循守旧，是不可能求得真正的禅意的。将来的“乐烧”理应破壳重生，超越造作之境。而且那也并非做不到之事。禅僧们不是有很多已经通过艰苦卓绝的修行，体验到了无碍之境么？

“乐烧”的制作者们，也定然是能够展示出平常之美的。从这个意义上说，“乐烧”真正的历史，还在于将来。拥抱希望，去开拓新的天地吧。

茶器的品性

昭和三十三年（1958）九月，民艺馆举行了一次“新选茶器”的特别展览会。其间我注意到了一个事实，那些被我们选出的佳品，大部分原本都不是作为茶器而制作出来的。换言之，原本就作为茶器而制成的佳品，是少之又少。

在明了这个事实以后，我们还注意到一点，从最初的茶祖珠光开始直至绍鸥时代，那些一直被尊崇的茶器，竟没有一件是原本就作为茶器而制作出来的。这个不曾设想的事实告诉我们，其实我们此次的选择，与茶道初期的器物选择之间，有着相当类似的思考。以“茶”为目的的茶器，是在利休、远州以后的时代突如发展起来的。而其中的某些是相当有名气的。

然而若是把初期茶器与后代茶器作一番比较，结果会怎样？细细想来，能超越初期那些原本并非茶器的后代茶器，竟连一件都找不出来。难道不是？举个例子便可一目了然。茶碗之中，后代茶器之美可有超过“喜左卫门井户茶碗”或者“筒井筒”的？茶罐之中，在日本可有做出超越“油屋茶罐”的？茶壶里面，可有任何其他比“吕宋真壶”更加珍贵的？

这里要先解释一下“新选茶器”。本身佳美之物，其实都是可以用作茶器的，但这里所选的，是民艺馆的收藏品之中符合茶器审美的一些器物。所谓新选，是迄今为止还未被任何茶人所选，抑或无缘被选之物。

比如朝鲜的茶碗之类（会宁、明川、端川等）因地理关系一直无缘舶来日本，所以也几乎未曾在茶道器具史上出现过。西洋之物也是一样，有多种佳美之品却因不符合以往的审美被束之高阁了。这次我们共同选出的茶器之中，比如朝鲜的石火钵、石釜之类就是。

我们作为昭和时代的人，在地理自由上要比先辈们更加充分，有无数的器物出现在我们面前。连西洋之物也并非那样遥不可及。作为后代的我们，当然不可辜负了这番时代的恩惠。只要不被以往之型所束缚，视野将得到极大的扩展。认为以往之型就是无上佳美之型，这种固定思维也是不可取的，茶器的样式也应顺应时代而发展。而这就是茶史所存在的意义。所幸在野的我们，没有任何尊奉以往、墨守成规的理由。

让我们再次回到刚才的事实，即初期的所有茶器原本并非茶器这个极为有趣的事实。正如前文所述，我们这次所选之物大部分都原本并非茶器，且让我们作一些更为深刻的思考。

“非茶器”有两种。

（一）茶史以前之物。这是理所当然，都生于茶器还不曾问世的时代。

（二）茶史以后却在出生时与茶全然无缘之物。这也是当之无愧的非茶器。或者称之为“茶以外”亦可。因为全然没有添加任何的茶意识。

综合二者来看，所谓非茶器，就是茶以前或茶以外的茶器。这次我们的新选茶器，所陈列的大部分都是属于这两种类型之一的。比如“山茶碗”就是“茶以前”之物。朝鲜的石火钵或者丹波的“香鱼壶”就是“茶以外”之物。

初期的茶器，全都处于“茶以前”或“茶以外”的领域之中；而“茶以后”、“茶以内”之物开始作为茶器被大量使用，是在前文所述的利休、织部、远州时代以后了。

对这番事实，很多人都说，正是千利休以后才有真正的茶器诞生，茶美才有了意识性的高度。即便这可以算作历史性的推移，但以器物本身来看，“茶以后”、“茶以内”之物的美，真的能够超越“茶以前”、“茶以外”之物么？其茶器的品格就一定更高么？相信事实绝非如此。这是我所看到的直观性事实。

比如在茶界有名的“备前”、“丹波”等，都是利休、远州以后以茶趣为宗旨，以造作为技艺所制作出来的。而以前的“古备前”、“古丹波”却丝毫没有造作的痕迹。而究竟哪种更美，毋庸赘言，都是直观性的，一目了然的。这种直观性事实，且让我用理论性的论述适当解释一番，以让诸位明了茶器的品性。

为何非茶器类却反倒拥有真正的茶器品性呢？为何茶以前、茶以外之物却反倒有更多的佳美茶器呢？其理由不外乎以下几点。

（一）所有的非茶器都是无铭品。

（二）所有的非茶器都是日常生活所需的实用品。

再换一种方式表述如下：

（一）所有的非茶器均非个人之物。

（二）所有的非茶器均非追求茶美而制之物。初期极受钟爱与尊崇的“大名物”之类的器物，亦都是实用品、无铭品。而且我们不要忘了，那些都是那个时代最有眼力之人所精挑细选出来的。

就近世一般性的美学通论的观点来看：

（一）个人性的留铭物更为优秀。

（二）天才制作者的作品将更受尊崇，留铭之物也更受尊崇。

（三）以美学意识出发的器物、即以追求美而诞生的器物是更加高等的器物这种思考，已然根深蒂固。

然而初期的大名物等名器，没有一件是属于上述三种范畴内的。而且更令人惊异的是，这些名器——

（一）均非天才制作者的作品，大部分只是平凡的陶工所作。朝鲜的“井户茶碗”也好，中国的“茶罐”也好，无一例外都是这样。

（二）因此，全然没有任何需要留铭的机缘。从一开始就没有必要关注制作者到底是谁。就是在这样的氛围环境下诞生的。

（三）而且读书不多的陶工们并无任何意识驱使去寻求“美究竟为何物”，也没有相应的知识或主张。

（四）更何况大多都是在繁重的劳动中诞生的，并非诞生于艺术性的感性认知。

（五）与细腻的鉴赏力全然无缘，只不过是以简单实用为宗旨而制作出来的实用品罢了。

但这样的器物才拥有真正的无上之美，这点足以颠覆整个近代的美学理论。可关键是，为何这么平凡无奇之物却登堂入室成为名器“大名物”了呢？这一定是有理由的。茶人们用自身的眼力挑出了民器中的佳美之品，这是客观性事实。而且有趣的是，这种美，与今日大多数人所认为的美是一致的。这个客观性事实确实是值得深思的一个问题。

“茶碗当属高丽”这句话已经相当久远，“持有唐茶器”曾经也被当做茶人资格的一种。这里的“高丽茶碗”、“唐茶器”，一切原本都是非茶器。但“大名物”优于“中兴名物”这点是谁都赞同的。为何会这样？下文的说明，希望能解开这个谜底。

“茶以后”、“茶以内”的作品都是成就于个人的茶意识与美意识的作品。制作者自身看法的重要性占首位。借用佛教用语来说，可谓是“自力性作品”。然而“茶以前”、“茶以外”的器物，几乎都是缺乏自力性、没有学识又贫困的陶工们所制作出来的，可以认作“他力性作品”。总之，制作者本身没有生出佳美之器的素质，但结果却使得佳美之器诞生了，这背后必然有他力的作用，这么看大抵是妥当的。比如多次举例的“井户茶碗”、“唐茶罐”的制作者们，他们本身都被认为是朝鲜或中国极其平凡，甚至身份卑微的陶工而已，没有任何美学素养，也没有足够的智慧对美有所认知与主张。即便是有某种智慧起到了作用，但也是极其平凡、微乎其微的作用罢了。而且他们也并没有任何特殊的才能。只是他们从小便熟悉了劳作，有着一生都只能操劳的穷人的命运。工作的娴熟、技艺的精湛，与其说来源于天分，不如说是多年反复劳作的结果。

我们明显可以察知，作品背后藏着的，不是忽然涌出的感性与顿悟，而更多的是痛楚与困苦。

连孩子也经常被迫劳作，时而是不情愿的，时而是受长辈呵斥的，时而是委屈流涕的，时而掺杂着与其他孩子的喧闹，时而又悠闲地哼着歌。如此情绪中却被命反复制作同一种东西，于是连自己究竟制作了什么，制作了多少也都忘却了。

如若是成人，大概会叹几声自己所作之物的廉价吧，反正是卖不上价钱的。他们能够想象到的，只是在某个厨房被胡乱使用的结果而已。而绝对想象不到的，是自己的这些大量而廉价的作品会有一天得到如此高的评价，还会被郑重其事里三层外三层裹起来放入一重又一重的木箱里。至于被评作“天下第一”的名器之类，怕是连做梦也不曾梦到的。制作相同器物的人，村子里多的是，他们相互之间从来不会多看一眼彼此的作品。

然而，在从珠光到绍鸥的大茶人眼里，那些极其平凡的实用性民器就是熠熠生辉的茶器，不仅值得数百两黄金之价，连与一国一城交换都是值价的。能亲眼一见，能捧在手里，都是可以感激涕零的幸福。

究竟茶器是什么？到底有怎样的品性才能变身“大名物”而被尊奉至此的呢？之所以被用作茶器，是因为被其原生之美所打动，但非茶器又是如何变身为茶器的呢？也即是问，原本并非茶器之物是怎样被当做茶器的呢？

是被其美所诱，进而有了想使用的心。而吸引茶心的这种美，是怎样一种美呢？本来只要是美的都是可以用作茶器的，但这里有两点重要之处。

美有着各种各样的特性。比如强健之美、纤弱之美、绚烂之美、可怜之美等等。但茶人对怎样的美最为动心呢？这明显与背景下的国民教养有相当的关联，特别是感念于佛法的人，对静谧之美、能打动内心的和善之美、遥远而深邃的美、自然之美、扣动心弦之美，特别对无碍之美、深刻的自在之美，是心存向往的。茶人有所谓闲、寂、粗相，有所谓“枯尽”，这些都是衍生于佛教教养的理念。

这些内容都是与心相连的，是无形的，而在作为有形之物的茶器里也呈现出来了。这里作为物的茶器，便必然有了多种制约，比如在大小、轻重、使用方式等等上，都有了对那些美的特性的追求。其外，还要与室内宽窄相应，与四季变迁相应，与各种变化相应。而且，使用方式也得到考究，最终定下了最无浪费产生的方式。这一系列的产生、发展，都是必然的。最终迎客饮茶，作为茶事的礼法也最终确定了下来。这便是茶礼形成的必然经过。至于茶室，其大小、点茶的工具、放置位置等当然也是经过详细考量的。

饮用的茶碗、装茶的茶罐、烧水的茶釜、生火的茶炉、水壶、茶勺、水瓢、点茶用的茶刷，其他还有茶巾、水罐等种类繁多的用品都成为必要器物。也就是说，要行茶事，必然需要如此众多的道具。而茶人们则致力于寻求与之相适的器物，这便是所谓“茶道具”的最终的成立。

原则上，只要是佳美之物，都可以用作茶器。只是需要满足上文所述的两点，一是有心的追求，二是有对所用的追求。这两点本是形成茶器品性最基础的两点，是一体的。前者致力心的追求，后者致力于对所用的追求。

最首要的特性，在于根本性的美的要素，这是人类宗教性、哲学性方面的东西，而最终转化成了民族性的美学理念。“枯槁”、“闲寂”、“玄幽”这些美学理念，如若没有佛学背景的国民，大抵是难以出现的。在被尊崇的各种美之中，尤其被闲寂之美所俘获，是以东方思想为传统的国民的心的作用。所以才会对自然有如此深厚的感悟，才会懂得自在之物的深邃。粗相这个词也是茶人所喜好的，以当今的语言来表现，可以说是不完全之物的美、奇数之美、变形之美。比如说，有着自然粗犷质地的器物（南洋、备前之物）、东山时代所谓“天下无双”的名器“真壶”，这些都有着各种各样的瑕疵、赘斑、凹陷、扭曲、垂釉、披灰等等。但因这些都生于自然，反倒引出了无比的滋味，让人感念自然与自在的活力。所以这种奇数之美是极受称赞的。

从这些扭曲、瑕疵之中发现深邃之美，在美学鉴赏上并非一件易事。西方是从近代开始在意识上对这种变形之美加以重视的。而茶道却早在十六七世纪就直观地注意到了。

过犹不及的弊害、故意变形的倾向性，亦在更早的阶段出现。比如备前的茶陶、伊贺的陶瓷，以及几乎所有的“乐烧”，都是过犹不及的产物。本来应与自然契合的变形，结果却成为了与造作的媾和。如今欧美流行的所谓“自由形态”的陶瓷，也开始出现了同样的弊害。但“变形”却有着更为浓厚的知性色彩，与故意更亲近，离必然更遥远。对这些谬误的批评指正，也会是茶美学将来的责任之一。

其次，“适合茶仪式的茶品”是随着时代推移，随着茶仪式的改善而逐步成形的。比如茶室的房间由大变小，则茶具也会相应变得小些。而如若茶室增大，那茶具也必定会随之增大。因此，将来的座礼如果变作了半座礼，则可以断定茶具必然会伴随发生更大的变化。茶器并非有确然固定的样式，而应当随时代的变化而发展。“可观瞻而不可实用”的茶器，一定是墨守成规、不敢与时俱进的表现。

以上两点，也可归类于永久要素与变化特性之中。前者主要是与心相关联的无形的要素，后者主要是与物相关联的有形的要素。

两者相较下，更有变化预期的无疑是后者的有形要素，但如若社会人生观、宗教观发生变化，前者的无形要素的标准也必然会有所变化。所以，无形要素的永久性是相对的。那些庸俗的、花哨的、浅薄的所谓的美，并非茶美的必然要求，因为那些终究是无法给人带来幸福感与内心平和的。

“茶”因各种因缘，与佛法结缘甚深，茶人们也在各种各样的美之中，尤其倾心于“静寂”之美、“虚无”之美。这是与西方人的美感全然不同的东方之美。也即是说，“茶之美”有着极为东方性的色彩。由此可见，在某种意义上，茶之美被看做片面的、特殊的、不具有普遍性的这种观点似乎也是成立的。因此近代很多年轻人，也就是那些深受西方文化影响的人，把“茶之美”归类于古旧的一类美之中，主张应与旧时代一同被埋葬。

然而，其主张实在有待商榷。“茶之美”在东方被广泛认知与欣赏，同时也意味着在西方还并不曾得到充分的认知与欣赏。也就是说，东方之美在将来是有可能对西方美产生影响的。把“无”的理念认作消极思想一棒子打死，毫无疑问是极其浅薄的。

近来，西方哲学家与艺术家都对禅表现出了新鲜而浓厚的兴趣，这个事实就是明证。另外，毛笔书法里的东方文字，对抽象画家的影响也很是巨大。这些所谓老古董的与时俱进，不得不让我等再三反省。能思考到这一层，就可以明白，只要是正确的，就不会是古旧的。所谓“正确的”，是超越二元之相的东西。因此，只要“茶”有其正确性，就不会被新与旧的二元之相所烦扰。这也意味着，会一直会生出不间断的“新”来，正如泉水般不间断地汩汩而出，而与此泉到底有多古老毫无干系。

那永久的正确究竟意味着什么？东方之美的理念里，究竟怎样的内容才是最为高深的呢？对美的哪种见解，会对将来的世界文化有所贡献呢？如果再度借用佛教用语来表达的话，可以简约称之为“不二美”。这大概是最平易的表达了。其他还有各种比较有特色的说法，比如“如美”、“只么美”、“无事美”、“平常美”等等都不错。此种品性的美，除东方以外在他方还不曾得到充分的理解与爱护。“茶之美”之所以引起了我异常的兴趣，是因为在西方无法充分吟味的“不二美”可以在“茶”里深度品味得到。正因如此，我才把“茶之美”的本质特性归于“不二性”三字。

此三字虽然平易，但如若要用其他言语来确切阐述其真正内容，却是极难的，也是矛盾的。究其缘由，在于言语也具有二元性。用二元性的言语来阐述“不二性”，是一种悖论。不过，既然有“不二”的称呼，那就必然有某种确切的意味在内，须得暂且作出某种说明来。这种悖论，就如同对禅理作出道理阐述、文字说明是一样的。而且近代人大都习惯了西方式思考，这点理解起来尤为困难。

西方人的思考方式，都是二元性的。是与非、真与伪、甲与非甲，这些都是理论性的二元性质的东西。正如“分别”这个简明的佛教用语所示，人类的思考总是将事物一分为二来加以判断，在理论上作出甲或者非甲的区别，并在此基础上形成判断。开着的门，就不可能是关着的。如果开着的门也是关着的，在理论上无异于自杀。上即是下的这种内容，在西方理论上是不成其为理论对象的。也就是说，在理论的世界里，不可能见到上即下这种情况。理论无论怎样都无法跳出二元性的世界之外。在西方，科学的发展，可以说正是基于二元性的理论的长足发展之上。在东方，科学的后进，一定程度上也是因为对事物的思考缺乏理论性的原因。相较之下，东方的思考是不连续的，是跳跃的，有着极为直观性的色彩。理论上不连续的，也毫无阻碍。因此东方的“即”字，是很了不起的。“色即是空”也好，“婆娑即寂光”也罢，看似矛盾的言语就这样连在一起使用，毫无违和感。这种非理论性，大抵是阻碍近代科学发展的一大原因。不过，这只是意味着在科学发展上有所后进而已。东方式思考里，还存在着一个理论性思考所无法窥视的更为广大无边的世界。

比如，说到“美”一词，理论性思考上必然是与“丑”相对的，也就是说“非美即丑”。美与丑是不可兼容的，否定丑就是肯定美，美与丑是矛盾的。这种见解无疑是一般的理论性看法。只有在否定了丑的情况之下，才有美的可能。所以美与丑，从始至终是一对反义词，得到美就是拒绝丑。即便把美与丑的关系用辩证的思考来看，用渐次发展的眼光来看，其对立也是无法消解的，只不过加上了时间的因素，成为永久对立的关系罢了。

因此，西方美学里的艺术性行为，就始终存在于美与丑的对立与争斗之中，无疑是跳不出这个范畴的。一切问题都是美与丑对立之下的问题。

而东方式思考却全然不同。它告诫我们，拘泥于美丑二元，是找不到问题的最终解决方案的。正如《大无量寿经》里所述，应当去拥抱这个“无有好丑”的世界。好丑，就是美丑。《般若心经》里有“不净不垢”的教诲，这不是教我们“选择洁净摒弃污垢”。惠能禅师教导我们要追求“不思善、不思恶”的境地，这也不是要我们必须区分善恶，去扬善惩恶。《信心铭》里也有“无有爱憎，则洞然清明”、“悟，则无有好恶”的说法。善恶、美丑、真伪里只要添加了爱憎，则距离心安就遥远了。不要对美有所执念，这也是佛教的告诫。

正所谓“二见不住，慎莫追寻”，也即是要我们从一开始就打破二元性的思维方式。因此在佛教美学里，美与丑的对立这个问题，从一开始就是不存在的，是从中心消失了的。对那些在近代的理论性二元里纠结的人来说，这是一种全然没有头绪的思维方式，而这也正是东方性思考的神奇与独创之处。

因此，美，不是求来的，而是从不可求的地方自生的。《槐安国语》六里，有这样一句话，“求美则不得美，不求美则得美”。用浅显的话稍作解释就是，那些刻意去寻求美的做法，刻意留下美的印痕之物，其实是与美背道而驰的。《碧岩录》八里也有一句“巧匠不留痕”，真正美的作品，是不会留有所谓“美”的痕迹的。这意味着从一开始就没有留痕的想法。

这些告诉我们，真正的美物，不是从美丑的争斗中产生的，而是在连争斗都没有必要的境地里自生的。美不是征服了丑的结果，也不包含战胜了丑的性质。至少这些所谓美，并非最上之美。这便是东方美学的教诲。

认识到这点后，也就很容易理解为何原本并非茶器之物，却能成为真正的茶器的理由了。正如前文所述，从珠光到绍鸥时代的茶器，原本都并非茶器，是不以茶美为目的所制作出来的，但为何却能那么美呢？理由不言自明。另外，我们所选出的大部分新茶器，也原本并非茶器，缘由也是一样。利休时代以后，以品茶为目的而制作的茶器，也即所谓雅器，都在美的格调上与初期的非茶器差了一大截。其理由也在于较之茶器，非茶器含有更多的美的要素。也就是说，在茶以前、茶以外的世界里诞生的器物，比茶以后、茶以内的世界里制作出来的器物，有着更为高度的作为茶器的必然之理。

或许有人会这样反问，那非茶器难道都可以用作茶器了？难道茶以前、茶以外之物，都是可以用作茶器的？答案当然是否定的。我们应当这样理解，非茶器之物，如果在特性上缺乏自由，是不能用作茶器的。特别是近代商业主义泛滥，以利为主要目的而制作出来的东西，因为有着对利润的执念，心的自由是被封存了的。这样的器物之中，几乎不可能存在真正的茶器。

因此，非茶器并不都有成为茶器的资格。至于真正的茶器为何在非茶器里更多这一现象，其理由就是，非茶器不受“茶”的约束。换句话说，非茶器有着更深的“与自由的结缘”。所以如若没有这种自由，无论怎样的非茶器，都没有任何作为茶器的资格。

反之，从一开始就以茶器为目的的器物，难以成为真正的茶器这点，其理由在于其对茶趣的执念，令心失了自由。所以茶以后、茶以内的作品，只有在制作者拥有充分的心之自由时，才可能成就真正的茶器。只不过，在迄今为止的历史中，能充分体验这种自由的个人制作者少之又少，所以才出现了无铭茶器远远多于留铭茶器的现象。在日本的个人制作者之中，茶器作品最出色的一般都认为是光悦。可以说他是迄今为止个人茶器制作的最高峰，可惜却不是最有深度的。我曾见过弥生式的碗（一种软陶，还不能用作茶器），其形态之美、色彩之韵，是光悦所无法企及的。大名物与中兴名物的段位之差，就在于制作者的心之自由的段位之差。“井户”的制作者，比“乐烧”的制作者，其心之自由要多得多。“自在”永远是美的根源，是美的本质。这条法则是不变的。

用《金刚经》里的“即非论法”来看，则“此茶器非茶器，而成其为茶器”，先要有“非茶器”的这种否定，而后才有真正的茶器生出。从一开始就称作了“茶器”，而要成为真正的茶器是很难的。其中“非茶器”的内在含义，可以看做是从茶器概念的解放。“乐烧”逊于“井户”的理由，在于“乐烧”为了追求美而束缚了自由，“井户”的优点就在于自由、在于解放。“井户茶碗”从一开始并非以茶器为目的所制作的这一点，尤为重要。那是不是不以美为目的的作品，就都可以成为美品呢？我们需要明白，不以美为目的的制作本身，与以美为目的的制作一样，都是被目的所因的制作。

如前文所述，新选茶器的大部分都是非茶器，都是直观选择的结果，而不是因为它们是非茶器才选择的。这是我们在选择上需要特别注意的地方，如果概念先行，则直观就会受阻，以至于无法作出正确的选择。我们并不是从茶以前、茶以外的角度出发去选择的，只是直观选择的结果，恰巧跟初期茶器选择的结果一致罢了。在本来不抱期待的非茶器之中，恰巧出现了一批可以用作茶器的美品。

而那些一开始就作为茶器被制作出来的茶器，因执念于“茶”所以反倒难以成为真正的茶器。其实这已经告知了我们美，或茶美的本质。即所谓“美品”，就是从执念中解放出来的心之所产。佛教上把这称作“自在心”、“无碍心”，也就是“自然而然之心”、“无碍无阻之心”。

美，是自在心所生。“美品”是自在心以可视的形态色彩线条为媒介的表现。《般若心经》告诉我们“无挂碍故，无有恐怖”，挂碍是捕获心灵的网绳，如若从这种网里解放出来，则恐惧不再。这样的心境，保证了心安，也保证了美。因此，自在就是远离执念，而非其他。一切美，都是自在之美。美失了自在，就不再美。而茶美就是这种自在美，而非其他。或者称之为“自由美”也无不可，但自由一词在近现代被乱用的场合居多，所以，为避免引出歧义，“自在美”的说法更为妥当。自由一词，毕竟是以自我本位出发，给人以不受任何限制的印象居多。换一个角度看，只不过是标榜自由的自我囚禁罢了。而自我囚禁里，是找不到自由的。自由的“敌人”，不是“他人”，而是“自己”。所谓自由，不是从他人那里求得解放，而是必须先从自身获得解放。只要不能从以自我为中心的执念里获得解放，就谈不上任何的自由。因此，对美的执念、对丑的恐惧，都不是自由。对美丑的取舍，只是二元性的，要上升到不思美、不思丑的境界才行。所以才应“无有好丑”。喜好洁净、憎恶污垢，也是二元性的，应当“不净不垢”。这种境地，可称之为“不生”之境。是美丑还未生出之境，在此境中就不会有对美或丑的执念。或许有人会反问这是否就意味着应当对美与丑不闻不问。我们要明白，若是执意于不闻不问，那就不是不闻不问。

所谓不生，是存在于“自然之态”中，有美却不执念于美、有丑也不心烦意乱的一种并不为美丑所束缚的心境。因此，不被美丑的分别所扰，不被美丑的争斗所囚，则自我之心就是自在的。有了自在心，其所表现出的形态、色彩、线条就是美的。也即是说，当自在表现为形态、色彩、线条上时，就是美品生出之时。其间有着必然的联系。美品，并非故意成就的美，而是必然成就的美。“井户茶碗”的梅花皮等就是明证，是必然，而非其他。

《金刚经》里“应无所住，而生其心”这句真言告诉我们一个真理：无所住的境地里，有美自生。“无所住”是没有任何执念之意，而不执念于任何场所的心，就是“无住心”。或许有人会问难道任何场所、任何器物里都需要心的倾注吗？他们这种思虑本身，却是与“无住心”相违的。

日语里有“弱柳乘风”的说法，告诉了我们一个极为有趣的道理：跳出被胜负界定的范畴，无须争。即便强横的狂风，也无法挫败纤细的弱柳。而柳枝所做的，只是顺势而为，立于不败之地中，且无意于胜。其他还有“跟布帘掰手腕”等等。即便是大力士，也别想跟布帘决出胜负来，那是一个与胜负无关的世界。相同道理，在一个与美丑无关的世界里，丑会自灭，而丑的消失便是美的出现。正如日出日落，暗夜过后是白昼。这里需要注意的是，并非是暗夜变作了另外一个白昼，只是因阳光的照耀，暗夜本身转换成为了白昼。这也跟正义之光照耀下的恶人重新向善了一样。柿子的苦涩在成熟后变得香甜，也不是苦涩消亡了，只是苦涩转化成了香甜。因此，只要跳出美丑被界定的范畴，就不会再有丑的存在了，因为丑会消亡。所以所谓美品，其实就是丑自灭后的姿态。

一定会有人说“那美不也同时会消亡的吗？”正是如此，与丑相对的美的确会随之消亡。但与丑相对的美的消亡，也就是真正的美的诞生。与丑作为对而存在的美，只是次要的美罢了。当从美与丑的界定中解放出来时，会有一种东西自由地生出，这才是真正的美。

“井户茶碗”的底座，有被赞“竹节”的，有称“陶枕”的，但其产生却与美丑全然无关，未曾奢求美，也不曾惧怕丑。也就是说，是在美与丑的界定之外生出的。于是这才成就了茶之美。此理用一般的理论性说明是解释不明白的。当初朝鲜人用辘轳制作陶碗时，决然没有做出“竹节”或“陶枕”的目的，甚至他们自己都全然没意识到已经有“竹节”、“陶枕”的诞生。而且这也并不是某个特定的技艺高超的陶工所为，而是任谁都能做得出来。只是在制作中，其心是自由的，没有对美与丑的任何执念，于是真正的美便诞生了。因此，无论“竹节”底座还是“陶枕”底座，都没有任何造作的痕迹，即是无造作的结果。更何况在朝鲜原本都是没有名称的。

可以这样说，茶器之美的极致，就是跳出美丑界定之外后自生的美，而非其他。从珠光到绍鸥的茶人们，用他们的直观之眼发现了这种美。但到利休、远州之后，却为了追求茶美而剑走偏锋不惜造作。我把这种状况定义为“见解的堕落”、“作法的堕落”。

我们选出的茶器正如前文所述，大部分都是非茶器，是无造作之物。通观这一批生于无造作的非茶器，首先可以得出以下两个特性：

第一，都是无铭品。

第二，都是实用品（即杂器）。

利休以后的时代，茶器的特性发生了变化。

第一，出现了留铭品。

第二，出现了雅器（即以美为目的的茶器）。

前文已累述多次，绍鸥以前的茶器是优异的。这也是对美没有执念与有执念的差异，或者是自由的作品与执念于美的不自由作品的对比。也就是说，一开始就作为茶器被制作的那些器物，缺少充分的自由性。即便下意识地去追求自由奔放，也会因执念于自由而落入不自由的陷阱。

乐烧茶碗存在着各种变形。要从变形中发现美，这没错，但执念于变形的制作，就不再是真正的变形，只是一种追求自由的造作罢了。井户茶碗里的变形是从心之自由生出的，而非其他。因此"乐烧"与"井户"的变形，从本质上来说是相异的。茶之美确实是奇数之美，只是这奇数有意图与必然两种。

最近我见了备前陶瓷的图录，绍鸥之前的备前陶瓷是极为自然的，当然也都是非茶器。但织部、远州以后的那些陶瓷，便开始有了以茶器为目的的影子。而如今的备前陶瓷，或许只能这样评价了，因其造作特性而进入了穷途的末期。其表现为，竭尽所能地在造作上下功夫。鲜少有陶工意识到，那并非真正的闲寂。这实在令人哑然。如果作法自然，不执念于完全与否，其结果可能会有稍微的不完全（奇数、变形）产生，这种过程是一种必然。而在这必然之中产生的稍微的不完全，才是奇数之美。如若一开始就否定完全，则这种执念会令自由缺失，没有自由便也就没有必然的奇数产生。只有超越了美丑的次元，才能进入一个不被美丑的分别所扰的世界。而只有在不被分别所扰的世界里，才有必然之美的产生。“自由美”是“必然美”，而非“造作美”。

跳出美丑的界定之外，即处于“不二”的境地之中。“不二”也就是“如”。所谓“如”，是一种“自然如此”的状态，是还没有任何作为介入的状态。这在佛法理念中，就是“如”。盘圭禅师教导要居于“不生”之境，也就是居于“如”。初期的茶器（原本非茶器）里的美，其实就是“如美”，这“如美”就是那些茶器的特性。能从非茶器里发现那么多的美品，究其缘由，也是因为非茶器与“如美”相关联者居多。其他别无理由。我们所选出的茶器大部分都是非茶器这点，理由也一样，它们最为丰富地把如美（不二美）展现出来了。这些茶器有一个特性，就是不存在拘泥。换句话说，它们就是由率直之心所成就的作品。这种率直的、不强求的特性，是最正宗的茶器之美；而矫揉造作地添加所谓雅致的那些茶器，终究不正宗。

说句更浅显的，即真正的茶器是“无事之品”。或可借用禅的惯用语，称之为“平常底的作品”。茶器之美决然没有任何的特殊性，有的只是极为自然的一种必然特性。如果用他力宗的话来阐述的话，就是“无私我”之品。“井户茶碗”之美，不就是没有“私我”的吗？里面不藏有任何算计与企图，并非是以美为目的而制作出来的美品。亲鸾上人“法自然尔”这句话十分受人喜爱，而“井户茶碗”的美就有道法自然的特性。所谓“无私我”，就是“无住心”，是不居于以自我为中心的“企图”里面。说到茶之美，也无须将其当做一种特别的、异数的存在，茶美就是极为自然的、当然的美，而别无其他。临济禅师在修习黄檗的佛法时，曾言“佛法无多子”一句。此言无疑是对黄檗禅的精辟理解。也有人认为临济禅师的评价有些自以为是，但事实并非如此。那正是临济禅师出于对黄檗的敬意才有的一句切实的评价。所谓“佛法无多子”，是“没什么大不了”、“没什么特别的”之意。这种理所当然里藏有禅的极致。如果换种说法，其所指的就是“自然如此”的境地。同样道理，“无多子之美”才是茶美的本质。苏东坡有一句有名的庐山诗，“到得归来无别事”。这里的“无别事”也是有着深刻含义的。可以这么说，茶汤初期，为人所爱的那些大名物，之所以能成为大名物的理由，也都在于这“无多子”、“无别事”之美。

“乐烧”的相形见绌，就是因为一直在强求“别事”，其“求美”的痕迹一目了然，而与“无别事”的“井户”背道而驰。“井户”的美，是深邃的，其诞生是极为自然的、水到渠成的。其前身是杂器、民器一事也是至关重要的，是尤为值得重视的。如若从一开始就致力于“雅器”，则实难有无事之美诞生。可惜“乐烧”与无事相隔太远，缺乏“井户”的自在。“乐烧”可谓是大量“有事”的凝结体，后来的“备前”也一样。“备前”作品中，还是那些茶以前、茶以外之作可称为第一等的杰作。待到茶以后，其品质则急转直下，成为了造作的俗物。

伴随茶器之美的形容词有很多，枯淡、闲情、静寂等等，其没有任何特别之处的品性，与无心、无杂、无住、无事是不可分离的。达摩大师著有无心论，而无心就是无住心，是毕竟心处于无事的境地。所以佛法一直在倡导无心、倡导如心。禅有见性说，去见其本来面目，也即佛心，即“如心”。值得感激的是，佛法告知我们，“如心”其实就是人类的本性，也有称作本分、本具的。这也正是归去来辞的深意之所在。佛法告诉我们，心的故乡并不在遥远之处，而就在“这里”。

如此看来，无论什么人，经历过什么，遭遇过什么，只要回归本心，任何人都能制作出美品。这便是自然的摄理。可以拿“井户茶碗”来作为例证。在制作中，人类的上下尊卑是被消解了的，而处于制作过程中的朝鲜人，任谁都是平心静气、平平凡凡地在工作。而且除此以外或者以下，别无他事。但我们观瞻“井户茶碗”时，却除了美以外找不到任何的丑。即便这些茶碗在技艺上或许是参差不齐的，但没有任何一只是在作丑。陶工们没有执念于美的那种不自由之心。这是很了不起的一件事，让我们明白即便是凡夫，也能制作出净土的器物来。念佛宗倡导的“凡夫成佛”，用在“井户茶碗”上，就是“凡器成佛”。只要器物的美，是无事之美，它是不会挑剔制作者的。老若男女之别、贤愚之别、才与不才之别都已消失。“井户茶碗”无疑就是“凡夫成佛”这条真理的具现。民艺品之所以总让我们止不住地惊叹，其理由正是这条真理通过各种民艺品的具现。

因此，民艺品也并不是什么特别之物。只有理解了“民艺无多子”，才能真正开始看懂民艺。如若堕落成了民艺癖好，则与民艺本质天差地远。同样，若是去制作有茶器情趣的茶器，则与真正的茶器背道而驰。“乐烧”的缺点，就在于其所刻意表现的茶器情趣。而“井户茶碗”则全没有任何的刻意。不过，其拥有者也不应该刻意地去体验所谓的茶器情趣，因为在拥有方式上也是有可能浑浊其本性的。

珍惜“井户茶碗”并没错，但同时要理解“佛法无多子”的道理，否则就会让“井户”沉浸在一个“有事”的世界里。茶事诞生于对佳美之器的感动，但同时又孕育了危险，因为茶事是最容易成癖的一件事。有了茶癖的茶，就不再是“茶”。“茶”应当在任何时候任何地方都是“平易之茶”。同样，如果再三强调“平易之茶”，则与真正的“平易”相去甚远了。我们需要回归到当然的世界里、无事的世界里。“井户茶碗”是“平易之器”，可以品味它的是“茶心”，可以收存它的是“茶事”。禅道修行，必定是对无事的领会，“茶”的修行也是一样。茶道修行与佛法修行是相通的。

因此，茶之道，即美的佛门，是以美为媒介的法门。与普通佛法不同之处，在于美是有契机的。而收存这种契机之物，就是茶器；收存茶器的人，就是茶人。所以茶人亦可看做是以美为媒介的守道之人。

或许有人会问，难道以茶器为目的就真的制作不出茶器来？虽然也并非没有可能，但那将是一条极为困难的路。恰好与学过很多知识以后就难以再度回归信仰这个道理相通。在意识之路上，要做到撇开意识，极难。禅道修行之难，也基于此。如若有志于制作家，就必须通过心的修行，跳出美与丑的二元世界之外。相较之下，技法的修习之类，只能算作次要的。心的修行（即自在心的获取），是一件难事。迄今为止的“乐烧”之类的制作者，都只不过是在形态上追求着美罢了，还不曾上升到心的用意、心的解放这个高度。其结果当然也是惨淡的。“乐烧”的历史在美的内涵上有着意想不到的贫瘠，就是被茶美所囚、缺乏心之自由的缘故。这并不是说“乐烧”的手法本身有问题。要成为有意识的制作者，最根本的还是在于修得心之自由。当今制作者们的不足之处，就在于犯了形为先、心为后的错误。

在此，还有一点需要注意。制作出“井户茶碗”的是一群地位卑微且没有学识的陶工，所以“井户茶碗”的美并非是因为他们有制造美的资格而凭借自力创造出来的，而是因为有大量的他力因素的集结而生出的，比如时代、传统、自然、民族风气、习惯等等。也就是说，杂器中所展现的美，是源自他力，是他力美。近代的西方美学，是专注于自力美的美学，所以在落款上尤为考究。作者无论是谁都急不可待地要署上自己的大名。

然而，世上的无铭之作里也有无数的美品存在，这告诉我们除了自力之作以外，还有很多纯然天成的他力之作。柯普特织物之美，宋窑陶瓷之出色，都是没有署名的。它们都是那个时代的平平凡凡的织工、陶工们所制作出来的。之所以能有无上之美，正是因为他力的作用，是他力美。

因此，将来的美学需要对他力美有所阐明。而迄今为止的西方美学，是做不到的。如前文所述，无事之美、不二美、如美这些思考，是无法从基于理论性的西方美学里诞生的。如此看来，佛教美学的使命尤其重大。

茶道的这段历史里，虽然谬误连连，但在整体上给日本人的美学教养所带来的影响是巨大的、深远的。“素雅”已成为美的标准语，成为庶民们的日常用语，这种现象，放眼全世界也实难找到同样的。这无疑对日本人在美的感觉与理解上有着深厚的影响与帮助。更何况素雅一词的内涵，是深邃之美。在探讨茶器的品性上，能够理解东方美的深邃是很有帮助的。探明本质一事，可以纠正错误的判断，将来在对茶美的深究上也可助一臂之力。至少，这是日本人所共有的美之传统里的一环，对茶美的追求一定会加深我等的美学教养。而茶器，就是对茶美最为简单的具体化表现，对茶器美的研究，当然是有着重要意义的。更何况我们这些经手民艺作品的人，无论怎样都不可能无视本来就处于民艺范畴的那些初期大名物。在此意义上，对茶器之美的探究、对民艺之美的追求，是相通的。

以上这些对美之真理的提示与解明，是可以以茶道为媒介广而告之的。幸好在日本有茶道的传统，这个在其他国家不曾现身的传统，将对今后的世界文化做出贡献。因此，对茶器品性的探究，是对东方美的理念最为简明的提示。这便是此文的存在意义。

昭和三十三年（1958）九月二十九日记于病床。

追记。

如文中所述，这次“新选茶器展”里所集之物，与初期茶器有着明显共通的特性。即大部分原本并非茶器。其后，我们注意到还有一点，这次所选器物虽然都并非历史性名器，但在美的内涵上，较之利休时代的茶人所持之物，是更为丰富与富有变化的。

这并非孤高的自我标榜，也非名不副实的愚蠢自负。三四百年之后，人们终会懂得，当今的所有者只是因于某种平凡的特权罢了，只要有一双自由之眼，不为任何所掣肘，任谁都能做到不亚于利休的收藏。利休时代交通不便，目之所及的范围比较狭窄，而且有尊崇舶来品的倾向，所以对自己国家到底有哪些佳美之物是很难弄得清楚的。而我们当代人则境况要好得太多。但可惜的是，茶人们却无法充分利用这种恩惠，反倒被囚于以往之型，活生生束缚了眼力的自由。

任谁如若拥有自由之眼，都不会止步于利休那种程度的收藏。那些有绍鸥所藏品、利休所藏品烙印的器物，当然应给予充分的承认，但这并不意味着除此以外就再没其他的佳美之物了，那只是一种愚陋的错觉。如果绍鸥或利休活在当今之世，他们是绝不会如当今茶人那般浑浑噩噩，他们的选择也绝不会仅止于远州那种程度。“大名物”的数量会增加很多，“中兴名物”会渐次消亡，而“新兴名物”会登堂入室。如今，正是民艺馆在做着这样的工作。这次的“新选茶器”，只是我们藏品的极其微少的一部分，我们的理解者，定不会将之当做无聊的自负。因为这是一目了然之事。

当今的茶人们啊，请恕我直言，“你们的眼睛为何会蒙尘啊?”我们周围还有大量的佳美之品等着被发掘呢!

茶道遐思

一

他们是看了的，是摒弃其他的在看，而且看懂了。可谓所有的不可思议都涌自这口源泉。

谁都能看物，但并非所有人看到的都一样，所以结果就是不一样的物。在所见的方式上，会有或深或浅的不同，于是所见之物便也有了正确与错误的区分。所见失误，等同于不见。谁都在看物，但真正能看懂物的究竟有多少？在这为数不多的同道之中，初期的茶人形象甚为鲜明。他们是看了的，也是看懂了的。正是因为看懂了的缘故，他们的所见之物，总是散发出真理的光芒。

是怎样看的？是直观在看。“直观”这种方式与其他不同，物能直接映入眼里，是一件极妙之事。大多数人都是通过某种中介物来看的，眼与物之间另外还有一物。有人融入了思想，有人掺杂了嗜好，有人以习惯为准则。这些也不失为所见方式的一种，但与直观看物却是很不一样的。直观，指的是眼与物直接相交。若非直下见物，则难以真正触及物。而优秀的茶人们做到了直观看物，也正因如此，才成为了真正的茶人。除此以外，是见不到真正的茶人的。这正好跟能直接看到神明的人才有资格被称作真正的僧人一样。茶人，是眼力的茶人。

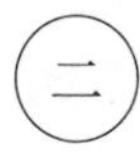

那究竟要看什么才行？在看时又能看到什么？要看的是内面的东西，或者说是物的真体。哲学家们称之为“全相”。不是物的一部分，而是物的全部。物的全部，指的并不是部分加起来的总和，“加”与“全”是不一样的。全，是不可分解的全，也正因为不可分解，所以无法分作部分去看。因此，也不存在部分的区别。所谓直接去看，是指的不借助于思考的看。思考后的所见，只能是局部的。在看前就借助了知的力量，其理解也将止步于匮乏的理解。所见之力，要比所知之力大很多。宗教书上有句名言：“在信之前去尝试知的人，将无法得到对神的全然理解。”美也一样，在看之前就用知去裁度的人，也无法得到对美的全然理解。茶人们是摒弃其他的在看，是直接去看的物本身。

只要没有阴翳，眼是深邃透彻而急速的，是直至看清而没有疑惑的。若疑惑尚存，则会被困于思考之中。而思考走在前面，则眼会出现浑浊。认真地看，指的是明确地看，而明确地看，是没有闲暇去踌躇的。在此，所见与所信有着相同的功效，因为所信的就是明确所见的。眼中所映的物的真体，能够引导信念。直下见物者，其理解是迅捷的，是无需花费时间的。所以好与坏能迅即判别。无惑者，亦是胆大者。所见者的工作就是睁大眼睛，于是，茶人们的眼中便生出各种各样的物来。所见与创作，在这里是相通的。可以说所有的“大名物”都是茶人们的创作，无论它们来源如何、由谁制作，茶人们才是它们的亲生母亲。是眼创造了物。

因此，茶祖并非是在茶道中去看物的，而是在看后才兴起了茶道。这点是与后世茶人们的截然不同之处。在茶道中看物，与直下见物是很不一样的，而大多数人并未意识到这种不同。沉醉于茶趣的“茶”，不成其为真正的“茶”。不认真看物，茶便失了根基。“茶”需要经常性的对物的直观，若是被“茶”所囚，则反倒会迷失“茶”。只有维护眼的清矍，才能维护“茶”。

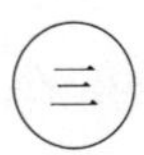

所见并非仅仅是看，只看则无法完结，因为很难说只看就看尽了所有。于是茶人们要进一步去使用，而且是不得不用。用，是看尽的前提。或者反过来说，不用则看不尽。之所以这样，是因为物没有比在被使用中更美的时候了。茶人们在使用中更为浓厚地触到了美。要更为详尽地看，则需更为经常地用。美，不仅用眼睛看了用头脑思考了，而且还进一步用身体感受了。“茶”与单纯的鉴赏不同，在生活中品尝美，才可称之为真正的“茶”。仅停滞于眼前的，算不得“茶”。

茶道是器物的鉴赏之道，同时也是使用之道。在日常的生活中谁都有各种器物的陪伴，但到底用什么，怎样用，则大相径庭。器物谁都在用，且品种繁多，使用方法也各种各样。有应用之物未被使用的，有不应用之物却被使用的，他们到底该不该算作使用者还有待商榷。在器物选择上已经赫然有别，在使用方式上就更加泾渭分明了。

使用错误，大抵是比不用更糟糕的事。使用方式并不单一，随着四季推移、朝夕变化，再根据房间结构、器物性情等，使用方式总在追求着无限的创新。就跟人在等待器物一样，器物也在等待使用的人。在那些温柔的使用者中，真正懂得使用的又有几人？真正的茶人们，是将器物融入生活中自如地使用。从看到用，完美深化了茶道。让我们懂得在生活中体味美，是茶道无上的功德。

四

那么所用的器物是怎样的？不单是能够用的，而且包括迄今为止谁都不曾用过的，甚至还包括制作目的不详的。因为美，所以希望能用以给生活添香。由此，使用方式便应运而生，器物成为被使用的器物，而后再进一步成为独具一格的不可取代的器物，成为无上之器。当今的茶器，难道不都是当初并非为“茶”所作之器么？将那些并非茶器的器物经由创造性使用，使之最终成为茶器的，就是茶人们自身。若是没有这种创作，茶道便不可能存在。因为茶器并非原本就以茶器的样子存在着的，是茶人们自如地使用了那些能让他们感受到美的器物。而这些被自如使用的器物，便成为了茶器。

如若有初始便不能使用的器物，则其美是有某种病态的。丑物是不堪用的，而对康健的佳美之器的呼声总是存在的。放着不用时，是至美的。但所见之眼必然会催促所用之手。于是“茶”便产生了。不是茶道带来了器物的发展，而是器物带来了茶道的发展。而所见之眼，所用之手，发现与培育了茶器。无佳美之器，便无“茶”。有人认为对于茶道，茶器什么的无所谓。也有感叹没有茶器便无茶的人。无论哪种都只是对极小真理的讲述。倘若没有选择器物的眼力，哪能有“茶”？没有生产器物的能力，哪能有“茶”的繁荣？而倘若有器物而不能用，哪能有“茶礼”的出现？

茶祖最令人称奇的贡献，便是把器物带入了新的历史。他们并非有了茶器才去看去用的；而是因为他们看了用了才有了茶器。他们以前是没有所谓茶器的，他们以外也是无所谓茶器的。那在他们以后，又有多少茶器呢？后世有被称作“中兴名物”的所谓名器，但与“大名物”相较却是逊色了不少。在茶祖面前摆出这样的东西难道不觉得害羞么？“大名物”是有着正确之美的。

但细想来，“大名物”的前半生也只不过是被舍弃的杂器罢了。茶人的出现，才令其焕然一新，变身成为佳美的茶器。因此只要拥有所见之眼，任何时候都有发现“大名物”的可能。这世上一定还有被隐匿的美。茶祖所发现的也只不过是冰山一角，而其他无数的美品还等待着我们去发掘。只是现今阶段还未曾有人能召唤出那些埋藏物并将其拔高到“大名物”的地位，也未曾有人能将其得心应手运用自如罢了。倘若有这样的人才出现，则茶祖的伟业便可再添一段佳话。

五

那么是怎样去用的呢？茶祖在使用方式上也相当精彩。他们并非只是用得好这么简单，也不是用后有了心得体会这种程度，而是将使用方式上升到了法则的高度。法则规定，如若不按应用之法去用则不算用。谁能像他们一样在对器物的使用上如此上心？谁都会在器物的使用上最终回归到他们的应用之法上去。也即是说，他们的使用之法并非他们自己的使用方法，而是已经被拔高成为一种型，是超越了个人的型，已达法则的阶段。在对器物的所见与所用上，我们不得不对茶祖们已臻至法道高度的功绩惊叹不已。

他们并非是想好了型，再去用“茶”来配合的。在应用的场所，以应用的器物，在应用的时刻去用，便会自行回归法道。当在最没有多余的使用方式上确定下来以后，就会进入一定之型。这里的所谓型，就是使用方法结晶后的姿态。再三反复之后，便能得到事物的精髓。这就是型，就是道。在使用方式上若非深至这个阶段，则算不足。而这种尚不足的使用，则算不上百分百的用。百分百的用，会让人自然遵循法道去用。“茶”之型是必然的，而不是想当然。道即是公，是应守之法。茶道是不容许个人喜好的，那并非只是个人嗜好层面上的谨小慎微之物，而是超越了个人的东西。茶道之美，是法之美。个人意味太重的“茶”，不能成其为好的“茶”。“茶”是属于所有人的“茶”。茶道不是个人之道，而是人类之道。

还有茶礼。礼是一种形式，亦是一种规范。待达到礼之后，“茶”也将臻至奥义。将之拔高至礼仪的正是茶道。方式在求取我们的尊奉，有这种权威才会有茶礼的诞生。修习者必须忠顺于茶礼。服从或许会被人当做一种束缚，但顺从于法只是循法，而循法之外是不自由的。自由不是随意散漫，而只有在遵循法道的前提下才有完全的自由。随意散漫才是最大的束缚。当夸大自我时，人便会陷入不自由之中。茶礼是赠予人们自由的一种公道。这里有一切传统的艺术之道的奥义。除去型的能乐，能有美么？没有型的歌舞伎，能有艺么？无论有多少新生事物，当其被深化之后，终会被纳入一种型。而“茶”之美，就是在此型上最为深邃的东西。行“茶”之人，必须要有对法道的敬畏之心。

茶道永存的条件之一，便是型的存在。茶祖或茶人将成为历史，只有茶礼才能永远留存。因为有超越个人之力的存在，不会因时光的流逝而消亡。多次失误的茶人能成为后继之人，也是因为型就是型，并不为他们所左右。如若“茶”没有臻至礼的阶段，那茶的历史怕是早就宣告完结了。以个人终结之物，生命是短暂的。

幸好今日所存留的是型，而非个人。但可惜的是，现在并没有能活用此型的茶人。如今的型近似于一个暗淡的影子，被误解与乱用的情况不得不让人感叹。茶人们滞留于型而无法得知型的真意。把型仅仅当做外在之形，是对

“茶”的误解。型与形是不同的。以形自夸的所谓“茶”，让人见了难堪。茶道经常被当做形式艺术而遭受非难。但那只不过是对型的意义的误解。让型趋于死亡是人的罪过，并非茶道的罪过。器物因法道而活，而活的器物反过来又会加深法道。因对礼之奥义的理解失误，错杀了“茶”的人何其之多！型的真意被忘却的岁月，至今已有多长？若在礼上不能得自由，则就不能说已经彻底懂了礼。我们应该提防在形式上的对“茶”的玩弄，应当知道型并非浅薄之物。进入型的“茶”应当更加精彩才对。真正的“茶”是因型而更为自由的。

一切伟大的艺术，都是对法则的发现。茶道是一种美的法则，是让人惊叹的法道之一。

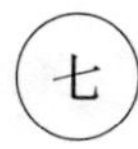

他们是一群爱物者，因他们的存在，器物才散发出了光彩。但所爱的方法并非只是他们自己的。他们的所爱之物，无论谁在何时何地都可以用同样的方法去爱。他们选择的方法也不偏不倚，没有特殊癖好。所见的方法也不是个人的，而是以完全的自然态去看的。因此他们的所爱之物，是普遍性的、有着被爱价值之物。真正爱物的人，必定也会跟他们一样爱上那些器物。那些器物无论对谁，无论在何时何地，都会对爱物之人说，“看看我吧”。而即便把这些器物置于名器旁边，也绝无逊色之感。懂得所见的人在最初的一眼上，便能捕捉到这些器物的美，并感受到一种久别的怀念。因为心与心是相通的。他们所见到的这些器物，其他所有人也都能与之相逢。相逢的场所也是他们所定的。如若不能相逢，则过失在他人而不在器物。但他们是无错的。他们的所爱之物，其他所有人也都会去爱。其缘由在于，并非作为个人的他们在爱，而是背负所有人的他们在爱。他们的爱，是所有人的爱的缩影。只要有真正应当被爱之物存在，那就会为他们所爱。他们的所爱之物，只会被持续地爱下去。他们对物的爱，会让人感觉他们所爱之物以上或以外其他应当被爱之物是不存在的。对物的爱越深，他们便会越能悟出自己将回归自身所爱之美。所以一旦能有缘碰到佳美之物，谁都会愿意与他们分享。对美品的讲述，即对他们的讲述。一切的佳美器物，总是在他们的注视之下。所有的眼，也都藏在他们的眼中。所以他们的所爱之物，是所有人都愿意去爱之物。他们所选择的茶器，就有着这样的魅力。这样的器物，他们称之为拥有普遍之相的器物。

八

是他们的眼，完成了如此超水准的工作。恐怕这是过去无论何人都不曾获得的功绩。他们以他们所选择的器物把美的标准赠予了人们。茶道则在弘扬美的标准上发挥了切实的作用。人们终于在衡量美这种神秘物质上获得了简单的尺度。还有比这更让人惊叹的赠品么？而且无论任何人都是被赠予的对象，无论谁都能将之当做切实的一杆秤。所以并非只有茶人可用。就跟尺子谁都能用一样，美的标准也是谁都能用的一种尺度，能把难解之美简单地测量出来。

这种尺度是无任何添加的尺度，是世上尤为简单的尺度。那尺度上到底刻有什么呢？刻的仅有“素雅”二字。再无其他。已经足够。这世上有各种各样的美之相，可爱的、强韧的、华丽的、纯粹的等等都是美。各人会随性情、环境的不同而各有所亲近的某种美。但只要情趣持续深化下去，最终到达的就是素雅之美。达到此番境地，才算得上懂得了美。对美的深度的探究，终点也在这里。讲述美的奥义的话语多种多样，一言以蔽之，便是“素雅”。茶人们以此为标语寄托着美之趣。

所以所有人都可用这个词来判定器物的美。对照之下，我们还可以窥见茶人的所见之物，还能学习他们的所见方式。即便自身没有判断能力，也能因这个词而得到帮助，从而得以去度量美。用此词去度量，便不会有错。无论有怎样的美现身，都只需拿这一个词去判断便好。把人引入神秘的美之境地去的秘法，都藏在这个词里。

所幸的是，这个贵重无比的词汇几乎所有日本人都熟知，甚至在不断地被使用着。连无学者也会轻松地在日常会话里用到这个词，甚至可以用这个词来对自己的好恶做一个自省。无论多么喜爱奢华的人，对素雅之美的深邃也是了然于胸的。这就是国民性的美的标语，在他国是见不到的。语言缺失会引发观念缺失，继而导致事实缺失。素雅这一词以外，用以表现无上之美的标准的词汇，在他国是找不到的。而且这个词并非成语熟语那样难，也并不含有抽象的理性知识在内，而是一个极为平易简单的词。是只有东方生活，才能生出的一个词。

芭蕉[1]留下了“闲寂”这个词，知道俳道的人，谁都

①芭蕉：松尾芭蕉，江户前期的俳句诗人。

能准确理解此词的含义。这也成了文学与生活的一个标的。但若要让所有人都对其深刻理解却是很难的一件事。因为此词不以物为凭借，而只能无形地用心来传达。不过“素雅”是以物来传达的。以形见之，以色示之，以纹样表现之。茶器所能见到的素简之形、静好的肌肤、谦和的色彩、无修饰的姿态，即便顽劣者也能从这些鲜活的器皿中领悟到此词的精髓。茶道不能被忘却的长处，便是随即对物之美的展示。这不是遥远的思想，而是身边的现实。是用物在讲述心的故事。物是心的反映。“闲寂”与“素雅”是一体的，只不过“闲寂”是知识人的用语，“素雅”同时也是大众的词汇。因此词的存在，美才为民众所知，而民众亦能感叹美，是何等幸福的一件事！更何况那并非一般的美，而是素雅之美，是终结之美。那是美的结果。这个词难道不是茶人们赠予所有人的无以比拟的遗产么？这是所有的日本人都拥有的最为深邃的美之标语。此番事实又是何等令人惊异！

被选出的器物绝非普通，越看越美。这告诉我们其内

里一定潜藏着某种异常。对这样的美品多个精彩处逐个分析逐个赞叹，是无错的。但如若茶人们只是惊叹于应当惊叹之物，或只能称作平凡。因为大抵谁都会。所幸他们的眼，是更为正确的眼，更为健全的眼。他们不是从异常之物中发现异常，而是从寻常之物中发现了异常。这个功绩决不能被忘却。他们所热爱的器物，不是从贵重品、高价品、豪奢品、精致品、异样品中选取出来的；而是从平易之物、率直之物、朴素之物、简单之物、无事之物中选取出来的。他们在毫无波澜的平常的世界里找寻到了最应赞叹的美。从平凡之中找寻非凡，还有比这更非凡的事情么？当今很多人已经平凡到只会从非凡中去看非凡了。初期的茶人们察觉到了寻常之物的深度，于是从谁都不介意的通常之物中挑选出了异常的茶器。那些“大名物”的茶碗、茶罐，曾经都只不过是一些平凡无奇的民器。

真理总栖息在我们身旁。他们用爱回顾了环绕他们的周边。那些日常的杂器，就是他们所注目的领域。那是一些谁都可以随时丢弃的东西。要说大胆，还确实大胆。但同时又是极为必然的。朴素的日常器物，愿意接受他们的爱，从不会背叛他们。这样的器物是由无垢之心所生出的，是在自然的惠顾中成长起来的，身心俱健。既然生而为器具，太过病弱太过华美都是无法真正被使用的。诚实，是其品德。在这些器物中，有正确的美在闪耀，这何其自然！那是有着救赎的一生！谦逊之物与美结缘很深。那些“大名物”曾经是贫瘠的杂器，但美却从朴素中涌出。没有谦让品质的器物是无法用作茶器的。茶道也是清贫的教诲。可惜当今却有那么多华丽奢侈的茶室、矫揉造作的茶器、无视茶礼的茶人。是祸不是福。

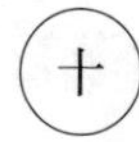

让我再换一种问法。茶祖选出了那么多美品，难道是从原本就为美而作的器物中选出的么？绝对不是。那些为生活而作的器物，才是他们无上的朋友。他们察知了其中的“美”，并非远方的美，而是现实即刻的美。因为比起思索之中的美，能触碰的美更能让人切实地感受到爱。不是在观念之中，而是把美从遥远处移近，从生活中更深刻地去凝视美，去感受亲切的美的本质。由此，美与生活便牢固地拴在了一起。在鉴赏的历史里，还见不到其他如此彻底的前例。

因此在我们现在称之为工艺的这个领域，将是一个吸引他们的世界。因为比起为美而生的美术，为生活而生的工艺才能让他们感知到更加深厚的美。他们所爱的并非脱离了生活的美，而是就存在于生活里的器物所呈现的最为深邃的美之相。这才是他们的明察，是他们的体验。所以在他们看来美品与工艺性物品是一样的。这与鄙视工艺领域而仅仅重视美术性物品的美学者们何其不同！后者喜好用思想来品味美。但若止于此，就不会有茶道了。

茶事始终是工艺性的东西。各种道具更是如此。书画的挂件之类，也需要谐调的装裱，这些也是工艺性的，否则难以使用。所以茶室是工艺品的集大成之处。庭院的花草配置，是工艺化的自然。点茶的动作，也脱离不了工艺性的范畴。这些都是从实用出发且扎根于生活的美。或可说“茶”就是生活的图案化。茶礼就是一种浑然立体的图案。离开工艺性，“茶”是无道可言的。用工艺来表现美，并从美中察知工艺，这之中有茶道的特性存在。若非他们，谁还能毫无踌躇地指明这一点？若没有生活的美，他们大概也是不会讲述美的。是他们把永远的美的地位赠予了工艺。茶道是工艺的美学。

十一

茶道不是看看就可结束的，也并非用用就可完结的。总之是不以型而终。仅此一点，就是非同寻常的特性。让我们再深入一些：如若不能到达终极之境，就不成其为道。所谓道，自然不会是皮相之物。很多人都喜好茶，但几乎大都抵达不了真正的茶境，因为道很深。不是谁都可以行“茶”的。茶很容易在玩乐中堕落，从而止步于一种兴趣。若能再进一步，则又很容易陷入自大之中。但各种自负、装模作样、好事、手腕之类，与道又有何关系呢？“茶”在现今是一派兴盛，却非“茶道”。回顾历史，面对当今茶道的衰亡唯有感慨。我有时甚而会感叹现在连一位真正的茶人都找寻不到。道，与内心的深度有关。技术的不过关、器物的不如意，其罪可谓轻浅。因为如若心的准备没有做好，其他所有都将误入歧途。而若心没有深度，则“茶”就不成其为茶。

“和敬清寂”是被反复提及的标语，是谋求我们心的准备的标语。然而这种准备有相当的难度。因为如若没有精进，是谁都不会轻易允诺的。茶道是在对物的教诲的基础上对心的教诲。没有心，物就活不起来。必须达到拥有佳美之物与拥有良善之心，两者合二为一的深度。物须能召唤心，心须能让物活。即便美品再多，但仅此一点是不能成为茶器的。一切的物，都需要有心。无心之物是谁都无法让它活的。心要诚，物也要诚。心与物在茶境中是互为表里的一体。然而现实情况是拥有物的人很多，整理好心的人很少。正如身着法衣的人并不一定都是僧人一样，成为真正的僧人后再穿上法衣才是正道。很多人都谈及“茶”，但其中到底有几人能称作茶僧？“茶”是美的宗教，只有信了这个美的宗教才有茶道。没有心的准备，无法进入茶境。每每手捧器物端详之，难道不就是为了心的准备吗？在静下心来之后再看物、用物，才是真正的看与用。玩物，则是对物的亵渎，从而成为对心的亵渎。正因为其心有浊物存在，才难以静下心来去看物、用物。

茶境是美的法境。其中的条条法规，与宗教的法规也无甚不同。美与信，其实也是一体的。茶道与禅道，理所当然的从来都是紧密结合在一起的。修行以物为中介的禅，就是茶道。一个茶碗，一个花瓶，都是绝好的参禅课题。一木一石的摆放，与一句一行的意思，难道有什么不同么？闲寂的茶人，与无声的禅堂，相得益彰。种种茶礼，与日夜的清规，也是相通的。对美的体会，与对信的修行，在实质上是一样的，是不二的。即心即佛、物心一如，都是向着相同真理进发的不同说法而已。在佛与美之前，庄严、温存、澄澈、柔和都没有任何不同。禅僧与茶人，是同心的两人，不同的只是外形而已。在茶道上修习美，就是为了去往终极之境。体验和敬、参详空寂，是容不得心里有浊物的。茶礼其实也是修行的一种。倨傲者、为富不仁者、污秽者、装模作样者，都将无法靠近美的法门。喜好物的人甚多，修行心的人甚少。没有心的修行，就无法参透茶道。茶道毫无疑问是心之道。

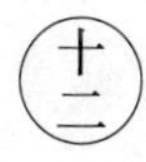

教诲都是以过去之姿存在的。但教诲的精髓却是不分古今的。禅也一样，历年能吸引越来越多的人来参悟，其中必然是有某种不朽之力的。有人把这些当做过时之物加以摒弃。但如若纠结于形式，那只是运用的过失，而非茶礼本身之罪。孔孟的教诲可谓古老，但社会终将归于孔孟的人伦之道。只要有人愿意从中汲取营养，那就是一口泉，总有源源不断的新水汩汩冒出。让茶道亡于形式的，是茶人之罪，而不是茶道本身的错。茶道里的美之法则，是没有人之分，没有时之分的。人可以抛弃“茶”，却无法抛弃“茶”之法。“茶”的道，就是美之法。倘若美以新的形态展现出来，那就将有新的“茶”生出。即便形有新旧之分，美的法则却是没有分别的。“茶”不是一种美，而是美之法。修习了美、参悟过美的人，也应当参悟茶道。修习美，与参悟“茶”，并非两件不同的事情。

日本人的美的教养能够出类拔萃，是多年来被茶道训练的结果。但不幸近年来美的眼力衰退得厉害，因而茶礼的使命变得尤为重大。特别是以建立美的王国为志的人，必须虚心向茶祖学习，正确地传承茶祖的衣钵，让真正的茶道复苏。使命重大，时不我待。

『茶』之病

一

赞美茶道的文章数不胜数，而且醉心其中的篇章更是多。但却极少见到对茶道持批判态度的。倒是有些对其破口大骂的，与醉心其中的那些刚好态度彼此相反，所以也不能算作持批评态度。最近历史性的东西挺多，比如与千利休相关的基本史料集录、茶室的相关调查等，还出现了学术性著作。虽然这都值得庆贺，但即便是这些，也难以断言便是持了充分的批判性态度。比如一开始就对利休无条件地认同，认为只要是古旧的茶室便一定是美的，这种情况极多。因此，还需加深对茶道的考察。就我看来，茶道的历史，可谓功过相半。特别是近年来的茶道流行，导致许多弊病愈发显著，是时候好好分辨是非、增强理解了。

二

"茶道"一词谁都在用，可如今所谓"道"却失了踪影，至多只剩了"茶汤"罢了，难道不是？东方人总是极力把所有的艺术都提升到"道"的高度，弓箭术成了弓道，剑术成了剑道，插花成了花道，因而茶汤也自然被要求成为茶道。追求艺术的必然结果，就是道。换言之，道才是艺术的大成。因此用"茶道"二字标榜也无不可。但道是至道，并非所有茶人都能接近的便宜之境。道，越往深处去便越玄，并非简简单单就可悟出的。因而今日所盛行的，最多只能算"茶汤"，还算不上深谙"茶道"的"茶汤"。头衔为茶道宗师或大师的人相当多，但大部分也只是茶事娴熟罢了，并非升华至"道"的茶礼。

当达至道时，总会有禅语相伴，所谓"禅茶一味"。而我也正好是提倡此说的人之一。"茶"越是与禅相通，普通人定然越是难以接近。那是在参禅上下过相当苦功的人，也无法轻易得悟的禅境。而所谓野狐禅，过去、今日，依然很多。认为茶人谁都可以领会禅味，只是一种愚蠢的骄傲自大而已。"茶"越接近于道，则"假冒茶"也定然就越多。如今有无数大师，可其中有几人还在讲所谓禅茶一味呢？其心已不再。原本禅录之类他们是不会去读的，即便去读，也都是似是而非，大抵是读不懂的。那就不要大大咧咧标榜所谓茶道，谦逊一些称作茶汤难道不更好吗？这茶汤的功夫，也有很多显得奇奇怪怪。点茶的功夫到家了便是茶人，但在我看来，那些点茶的样式，好多都显得怪声怪气、故意、装模作样。很是有必要把那些残留的杂质清除出去。

年轻女子把茶汤作为一种修养来修习，是甚为不错的一件事。但在习惯了沏茶方法以后，却不能轻易将其当做独立一面的茶人。道是一种更为严格的东西，更加深刻玄妙的东西，简单的修行是无法参悟的。特别需要心的修行。如若只是点茶技艺一流，其实什么都算不上。像如今一样，去求廉价大师的许诺之类，道是会乱的。而且在所谓茶会上，有年轻女子攀比似的身披各色彩衣隆重登场，这显然已离“清寂之茶”远矣。

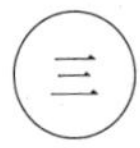

“茶”的世界最让人哑口无言的事情之一，就是一旦

有人习得了茶事的本领，便被认为是够资格的茶人。“茶”如今有了茶室、露地、道具等很多其他的规定，而对这些规定的来历与样式等悉数了解，竟也成了一种自我炫耀，而且甚至被认为极有魅力，于是谁都希望能当上这种茶之巧匠。作为听众，那些规定被讲解得那么详细，感动之余更是认为对方是深谙茶道精髓的大师。于是待自己也习得了茶室的本领，也就认为自己也是够资格的茶人了。这样的人反倒更能说，也更好说，但可惜的是仅止步于知识人这一层，还无法拥有真正的茶人资格。那些搜集来的与茶相关的知识，并非茶道的依据。茶道的本质，无法仅用知识去萃取。这与宗教层面的信仰一样，即便在宗教学上知识渊博，但那也成为不了信仰的内容。对伦理学的知识渊博，也并不意味着他就是道德家。茶的世界与这些不正好是一样的么？而且茶之巧者的通行弊病，就是自我炫耀太多，对他人的轻蔑太多，“问茶就得问我”这种风气太糟。不过这种人最终是成不了真正的茶人的，只能是浅薄之人。真正的茶人，更淡泊明志。知识虽然多多益善，但知识的主人却经常跌倒在知识上，很难走出知识的范畴。如若成了茶之巧者，请在心里挂上一个危险信号，因为溺亡于此的可能性很大。如若成了茶之巧者，就可能在知识中流连忘返。然而这种流连忘返的脚下路并不通往茶道之境。应当对自己的态度更加严苛一些，因为谁都有可能犯下这茶之巧者的通病。茶之巧者并没有错，错的是被巧者身份所束缚，白白丢失了心的自由，成为下作之人。毕竟“茶”是与人的清寂与深邃相关联的。

四

茶人也是风流人。风流世界，在不知风流的人看来，确实别有一番天地，所以处身风流世界的人的存在，便成为了一种价值。但风流也是有很多弊害的，须谨慎小心才好。风流之境，有某种脱俗的意味，跟柴米油盐的日常是有很大区别的。因此风雅的生活，可避利远欲、不落俗套，当然是人们所憧憬艳羡的。然而，风流并非等同于不俗，两者不能就此画上等号。至少当风流开始装样子，或者下意识去装模作样的时候，就已经变得难堪，反倒显得俗气十足。一般自诩风流的人很多，但这反倒搅浑了风流一词。很显然，要在当今自诩风流装模作样是不成的。

处俗世而不落俗套，处地表却悠然别有洞天，这样的人才是风流人。因此风流人必须是连风流都忘记的底层人。那些处处留意风流，时刻惦念风流的人，并不是风流人。若对风流有了执念，反倒成了新的俗气。当今的茶人们，对自身茶人的身份意识，以及服饰装束、行为举止的关注都十分强烈，反倒让他们离茶人很远。这个世界里有太多并非茶人的茶人、并非风流人的风流人。因而茶人之中的俗人相当多，身上散发茶味儿的假茶人相当多。真正的茶人是脱了俗气的人，不会故作茶人之姿。装模作样的茶人让人头大，他们是不配拥有茶人资格的。真正的茶人是更为寻常的人。住得惯寻常地方的人，才是茶人。滞留于“茶”的“茶”，就不再是“茶”，所以执着于茶人身份的茶人，也算不上真正的茶人。当今的茶人，能够淡然行茶事的人，又有几人？真正的风流人必须是不会故作风流之姿的风流人。这样便可以区分风流的真伪。有禅语“非风流处却风流”，则一语道出真谛。时常处于安宁心境者，才可称作风流人。

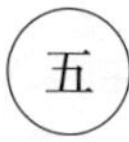

还有一点必须反省的是，喜好茶事的人，有很多都沉溺于茶而不能自拔。沉溺，是有溺亡之危的。从某种意义

上看，几近于沉溺的这种迷恋也是有好处的，但若为了沉溺而偏离了茶之道，就有问题了。沉溺最大的弊害，是用“茶”把自身束缚起来，其他哪里都去不了，从而陷入不自由之中。我曾认识一个人，自从成为“茶”之巧者后，就因为沉溺于茶，竟然对器物的鉴赏力都大打折扣。而且这种情况并非一人两人。“茶”是美之境中的事物，应该因“茶”而对美更有见地才对，谁想竟反倒丧失了发掘美的自由。而造成这种结果的简单理由，只有一条，所见被“茶”所束缚、不得自由。真正的“茶”，应当是所见的解放。沉溺于“茶”，则反会被“茶”所囚，于困境中不得脱身，从而变得极端不自由。就好似戴了有色眼镜，只见一色而不见其他。就茶道立场来看应该丢弃色彩才对，可谁想竟把“茶”本身砌作一堵墙，藏身在内，不去关心外面的世界，更不会踏出墙外一步。自由本应是茶道之所见的本体，却无奈作茧自缚，于是所见只能变得片面而狭窄，反倒浑浊了眼睛。因此，沉溺于“茶”的人，往往错过真正的“茶”之美，从而陷入矛盾之中，成为难解的悲剧。对器物有所见的人，是不会在沉溺于“茶”者之中存在的。如若没有自由，则不可能真正看清器物。沉溺于“茶”者所见到的美，只不过是扭曲过后的美。禅倡导自由无碍，茶道也甚为相近。所以沉溺于“茶”的人，或可称作乱“茶”者、叛“茶”者，对“茶”浅尝辄止者。无法超脱“茶”的“茶”，束缚“茶”的“茶”，这样的“茶”并非“茶”。执着于禅时，禅则飘然而逝；执着于“茶”时，“茶”也将不再是“茶”。只有存在于自由无碍中的“茶”，才能始称“茶道”。

“茶”总是跟礼相关联。当“茶”与法交织时，就变作了茶礼。礼，是一种法、一种式、一种型。点茶之所以适用于法，是因为其做法已经臻至完美，无任何多余，仅存不可或缺的东西在内，这些化作结晶，促成了自身的型的产生。由此，才有茶礼的诞生。

茶礼也可以看作是做法的一种形式化。形式这个词，总是容易招致误解，我们经常称其为“样式化”。“茶”之型，即做法的样式化。所谓样式，就是臻至完美的器物的姿容，是一种单纯化、要素化的东西。当单纯化、要素化之物被强调、被表现出来时，则会自然进入样式的领域。于是，当“茶”的做法被还原为一种元素性的东西时，

“茶”之型也就诞生了。因此也可说，无型则无茶礼，两者之间存在着必然的关联。这“茶”之型，由几位先祖茶人分作几种，于是流派便产生了。

然而若是不充分了解型的性质，将失之毫厘谬以千里。型亦可称作定型，是一种被决定过后的样式，其实是由必然引导而形成，而非勉强撮合而成。当动作被还原为一种最不累赘的本质性的动作时，无疑是可以被归纳在一定之型中的。因此，乖离了必然的型，并非真正的型。型，是理所当然存在之物，有一种必然如此的自然之态。如若其背后的必然消失了，那型也就成为一种单纯的形式，成为与自然背道而驰的东西。这就是执着于形式则将沦陷于不自然之中的理由。型，是静态的，但也是在臻至完美的动之后的静，没有动的静，只能是一种单纯的停止，是一种枯竭。而这才是茶礼最难之处，亦可看做是自然与不自然在型上的相互结合。虽然看似差别仅若一层薄纸，但终将成为云泥之别。

茶汤的修习，应当从型开始。也只有对型的教授，才能继承传统。由此可见型的重要。点茶的修习，重点在于对做法之型的心得。起步时因尚未熟悉无法领会，也情有可原，可惜的是一直错下去，一直有形无实。这些或许也跟修习之人的手巧与不巧有关，但只要在型上反复练习，谁都是能够修得的。而问题在于这型跟原来的必然性究竟有多少关联。

让人深感遗憾的是，所谓茶人点茶，总似在展示型一样，囿于做法的情况极多。这样一来，型则超越了必然，被毫无意义地夸大。因为所有的型都会在某种意义上被强调，所以型的做法里是有“吹嘘”存在的。但这种吹嘘，只要反映的是真实，那就是有存在理由的吹嘘，并非通常意义上的吹嘘。只是这种吹嘘如若超越了某个度，与事实背道而驰，则将对必然性产生破坏，最终沦陷为勉强之物。型，只要是必然的，则不会有任何的累赘。可悲的是这层显而易见的道理，当今却一直被人无视。

我们经常会见到累赘的做法，有时也会见到故作姿态的型，有时还会遭遇无聊的夸张或者故意的搔首弄姿。比如在清洗茶筅时，会常见一些累赘的夸张的样子。典型的如远州流派那样，连型的意义都忘得一干二净，因而其弊害也显露无遗。这种无益而故意的夸张，对“茶”来说无疑是一种歪门邪道。我们应当让型回归自然，不能从外部去迎合型，而应从内部去表现型。如若仅从形式上去接近型，而忘却了内里的心，则不可能成为真实的型。“茶”

不应该沦落为一种形式上的“茶”。型原本就不是单纯的形式，形式只是一种死亡之型，我们不能成为抹杀型之心的罪犯。流于形式的“茶”，只能愈渐丑陋。

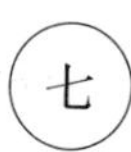

茶人们都喜欢留铭。这里的铭大致有两种，一是茶人对茶器所留的固有名词，二是器物上所记的制作者之名。茶人对器物留铭，并以此铭来称呼器物，这本身并没有什么不妥，或许还能在区别其他器物上更加方便一些。但在留铭的方式上，很难说人人都做到了尽善尽美。以人名来命名是最为简单有效的一种，比如井户茶碗里的“喜左卫门”、“坂部”、“宗及”等。而略显陈腐的，比如“夕阳”、“残雪”、“七夕”等显得诗意十足的名字。另外还有一些比如被称作“伏蹲儿”“小锈”等的，竟让留铭变成了一种游戏。然而茶器里这样一些留铭却很多，其实也就是一种想当然，一种俏皮罢了，并无甚新意。这样的留铭继而将成为“茶”的历史的见证，从而告知我们这个时代的“茶”的内涵究竟怎样。调查留铭，并对其分类，按时代顺序排列起来，一定能看出每个时代的“茶”风来。而这个轨迹，无疑是走向堕落的。如若确实有需要，以所持者之名，或地名来称呼，怕是要更为妥当一些的。

而制作者之名被尊崇这点，也是众所周知的。比如仁清、道八、了入等许许多多如雷贯耳的留铭。另外还有很多是考证后的无留铭之物，还有更多是相传出于某某之手的作品。总之，人们都习惯于高价购买所谓留铭之物。然而，谁都知道“大名物”的大部分其实都是无铭品，谁都无法知晓到底出自谁之手。这刚好证明了，所谓个人之名并非必要。古代的茶人们难道没有告诉过我们，这些无铭品才是极为优秀的器物么？所谓留铭，全然不是茶器的首要条件。而事实也证明，无铭品远比留铭品要优秀得多。留铭在茶器的历史中，并非难得的美的保证。

其他一些留有文字的外盒，或者制作者、有名的茶人的题字等等也都十分为人所喜。因此甚至有人用纯金来购买宗师的外盒题字。而这些，不过是一种能让人浮想联翩之物而已。茶器到底有谁用过，是经谁传承下来的，这些对茶器本身有什么重要？我们不得不注意的是，对外盒题字的喜爱，与对器物本身之美的喜爱，是截然不同的。因为有外盒的包装，所以就以为更好一些；或者因为没有包装，就以为不好；或者从外盒着眼来看物；抑或对没有外盒之物感觉不安，甚至从不正眼去看，这些都可谓是一大弊害。喜爱外盒题字本来也没有任何不妥，但若是对其执着超越了器物本身，不去直观看物却把外盒题字当宝贝，则心已不在。初期的大茶人们，并没有从外盒着眼去看物，那只是后来人的擅断，而大茶人们的价值之所在，就是直观看物，从而发掘出了至宝。

倘若如今日一般，为外盒题字所囿，则他们看物的眼也会变得浑浊，以至于看不清物。因此最为紧要的，是首先直观看物。跳过外盒题字直接把物看清了之后，再回过头来以那些作参考就好。先看外盒题字，很容易被先入之见所束缚，从而再也无法直观去看，遑论看清。我们应当拥有不依赖外盒题字也能充分看清器物的能力。换言之，就是应当对所见的能力赋予权威，而非让外盒题字霸占权威。把外盒题字作为所见能力的辅助手段，足矣。

因此可以说，外盒题字在“茶”的历史上蒙蔽了所见者的眼睛。后来者决不可重蹈覆辙，而应当学会直观看物，应当去直观看物。我认为，初期茶器以来，其品格是呈下滑趋势的。是直观看物的习惯丧失，导致了对题字与留铭的过度注重。如果茶人们代代都在直观看物，那茶器的历史无疑将有飞跃式的发展。与“大名物”相匹敌的新大名物也无疑会更多地被甄选出来。而如今的惨淡，理由只有一个，就是过度囿于留铭与题字。再强调一句，茶人们应当学会直观看物。原本只有拥有此种能力的人才配被称作茶人，无奈留铭竟成为了茶人的桎梏。留铭题字原本无错，错在被其囚禁。

有茶汤的地方就有茶器。用于制作、贩卖、使用、赏玩的茶器大概是数不胜数的，但撇开其种类与数量仅看质量，到底又有多少能过关的呢？茶汤一直在追求名器，对某些茶器会给予“名物”的地位，而后赞颂其美，并不厌其烦讲述其特性。而时至今日与之相关的书籍、图谱之类，也绝不止一两本。所谓名器，大致就是这样的。茶人们大概是比任何他人都更知晓“名物”的功德的。

然而不可思议的是，在茶会上有一件大家绝对闭口不言的事情，那就是所用茶器其实都俗不可耐这件事。偶尔会发现有一两件名器，但却可怜地混杂于俗物之中，让人不禁深感失望。为何茶器品味会下降得如此厉害，而大家还对其毕恭毕敬呢？我们不得不归咎于近代的一般倾向。

最停滞不前的是眼力，连相当不起眼之物也被奉为了圣品。这到底是什么原因？

我见过很多茶人，也时常出席茶会，却从未见过有真正锋锐眼力的人。虽然我相信那样的人是存在的，但同时也不得不叹息连号称宗师的人的眼力实际上也是相当奇怪。在布置极佳的茶会上，也定然会见到重要的名器跟无聊之品混为一谈的情况，实在让人扼腕。我并非是在说只有“名器”才配登堂入室，没有大量名器陈列的就不是好的茶会之类。其实在全然不为人所知的无铭茶器之中，只要能够充分筛选甄别，是完全能够在全无著名茶器的情况之下举行一个品质甚高的茶会的。但实际情况却远不如人意，也就是通常所说的敷衍了事。这便是甄别眼力欠佳的明证。

虽然被称作茶人却还出现如此矛盾的情况实在奇怪，但这样盲目的茶人却实在太多。他们所用的茶器，看起来都无不有末世之感。为何眼力丧失竟如此厉害？要考究眼力衰退的历史，还需上溯到“中兴名物”的时代。

在茶汤上，把心融入器物之中，并珍而重之，这种习惯无疑是极好的，对物来说也是甚为亲切的。茶人绝不应该粗暴地对待茶器。仅这点，就可算是茶汤偌大的功德了。可惜一旦进入茶室，要更进一步去观瞻茶器，我总会感觉一阵倦怠。我若是碰到佳美之品，总会比别人多上一倍的兴奋，然而可惜的是极少能见到让我倾心之物。而其他的俗物，要毕恭毕敬去观瞻，也实在太过无聊。被茶人们当做名品对待的器物，总是因为茶人们认为很不错，这才让他人去观赏的。其中有何独到之处，何处显得雅致之类都是得到茶人们认同的。然而这却让我很是困惑，因为那些实在难以入眼。点茶的练习虽然也很重要，但在“茶”上更重要的应当是眼力的修行。在茶器上美丑不分，也实在让人对茶汤难有兴致。

我曾发表过《茶道遐思》一文，当时曾被人诘责见解太过以器物为中心。虽然我可以反诘对方眼力欠佳，但想来其主张也不无道理。对方认为茶汤最为重要的是让心游弋于天地之中，所用的器物即便着实平庸，但只要拥有品“茶”之心，便可以充分享受“茶”的愉悦，因此茶器绝非必不可少之物，而无论拥有的茶器好坏与否，都与茶人本身并不冲突。

诚然，能否甄别器物之美，与茶人资格并不相关。而且在极为风雅的茶室内用上相当珍贵的名器，也并不代表就一定是个上好的茶会。有时在粗陋的室内，用凑来的茶器品“茶”，也是完全可以让茶心汲取新的养分的。器物无论怎样完美，仅此也无法成就“茶”。但若要以此来论证器物无论怎样都好，那却离真正的“茶”远了。

茶最初是苦茶，是被当做药来喝的，所以原本喝了就达到了目的，用怎样的碗去喝根本无甚重要。但这仅仅是针对饮茶来说的。这样饮茶是不能成其为茶汤的，更遑论茶道。“茶”不能为了饮而饮，而应当饮中充分享受，在雅致的茶室内去饮，这样就能逐渐提升至茶汤的高度，从而自然地舍弃与之不相称的器物，转为选用与之相称的。

茶器本来只不过是用来饮茶的道具，但茶器之美也无疑提高了饮茶的兴致。所以我想表达的观点就是，的确是先有茶再有茶器，但茶器却反过来升华了茶。虽说茶具架自古就有，但茶具架之美却是“茶具架之茶”的缘由。如若没有被器物之美打动的经历，茶汤大抵也是成熟不起来的。为何一定要将平庸的丑陋之物选作茶器呢？对器物的甄选，是深入美的世界的旅程。而所选的茶器越美，则茶汤就越是茶汤。特别是当其升华为茶道之时，器物之美就必须有适合“道”的高度与内涵。因此，茶汤与佳美的器物，是无法切割开来的。

所以，那些对器物之美冷嘲热讽的人，是缺乏品“茶”的主要资格的。而认定茶器不分良莠怎样都好的人，大概是因为对美并不怎么关心吧。对器物不作挑选，只不过是明白告知了自己缺少发掘美的眼力罢了。而拥有眼力的人，是决不会说器物怎样都好之类的话的。只有在对器物做过取舍之后，才有茶器的诞生。不过对“茶”倾心的人，至少不会对器物冷嘲热讽。所以上述问题其实并不成其为问题，而与茶器相关的病症还在别处。在此举例阐述两种情况。

第一种病症，是茶器选择方式上的错误，是在对良莠的判断上的错误。因此经常出现的情形就是，把丑物错看成了美品，或者误以为美品并非美品。其在判断失误之时，缺乏对错误的自我发现之力。而结果只能是所用的器物玉石混杂，甚至连玉石的差别都分辨不出。这是缺乏正确而锋锐的眼力的结果。如若对茶器心存敬意与喜爱，却不认为丑物很丑，那大概也不会认为美品很美的吧。连无聊之物都爱不释手，到底有何意义？那样是不会真正正确理解对佳美之物的热爱的。这样的人一旦有了自信就很麻烦，什么都不懂却不懂装懂的样子让人很是困惑。遗憾的是，在被称作茶人的人里，未得此病的茶人或许只是少数。在多数情况下，茶人们的选择都是暧昧的。

还有第二种病症。初期的茶人们甄选出了很多名器。而当这些名器被列举比较，其型与大小逐渐有了统一的看法之后，后代茶人们便将其当做了唯一的价值判断。也即是说，作为“茶”之佳器，除了符合价值判断的器物以外都是不存在的。换句话说，即离开“名物”之型的器物，是没有作为茶器的价值的，甚至连作为茶器的机会都没有。前文所述的第一种病症，在于“选择的暧昧”，这第二种病症，就在于“选择的狭隘”。正如狭隘一词所言，所见被局限在极小的范围之内，极端缺乏自由。如果对眼力毫无约束，那自然会引发选择的混乱；但若将之束缚起来，则视野无疑会变得狭窄。前面所述的热衷于题字的毛病，也是属于这一类的。初期的茶人们拥有很大的自由，能在并非茶器的杂器之中挑选出上好的茶器来。对他们而言，不存在对所见的束缚，佳美之物可以因其佳美而被选择。这种自由的选择方式实在是相当绝妙。被选择出的器物，则成为了美品的范本。然而初期的茶人们从来不认为除了那些茶器以外就不存在其他茶器了。后世的茶人们，特别是现代出生的茶人们，与初期的茶人相比其境遇之佳毋庸赘言，他们有比前人多得多的见物的机会。今日我们所需要的，是让我们的所见再度拥有自由，拥有先祖茶人们曾有的自由。他们对佳美之物的判断，是因为其本身之美，而不是因为其符合某种美的样式。所以这才有并非茶器的杂器成为绝美茶器的情况发生。从这个意义上看，他们都是创作家。真正的茶人，就应当以创作家自勉。如果历来代代茶人都是这样的自由之主，那名器的数量与种类不知会比现在多了多少。

就眼力来说，无边的自由是最重要的。如今大多数茶人所缺乏的，就是这种自由，甚至很多人对这种自由连碰都不碰，仅对所谓美的样式毕恭毕敬。这也正是后代的茶器逐渐丧失精气的原因。茶器也是需要不断成长的。今日之“茶”，为何要对这种成长设下障碍呢？

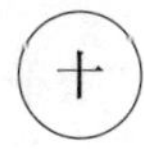

茶礼是不应当存在贫富差异的。穷人也可以享受“茶”的愉悦，茶事是谁都有资格去做的。甚至还可以认为，正因为是人类的茶事，所以是公共之事。但事实又究竟如何？

在跟对茶事有所研究的学者会面时，我们曾提到怎样的“茶”才是最优秀的这样一个问题。跟平素一样，我用禅宗的教诲，阐述了“安宁之茶”、“平常之茶”的理念。而这位学者却否定了我的看法，主张“晴茶”才是终极的茶事。我不禁感觉惊愕。所谓“晴茶”指的什么？这是个稍微费解的词，所指的其实就是集齐一些著名的道具，在相当规格的茶室内所做的茶汤。我记得这位学者曾十分欣赏一位有钱的茶人。

想来，这种“晴茶”在当今除了富豪以外没有其他人喝得起。以前曾听说，在距今十五年前，行这样的“晴茶”至少要花费五十万以上。因为需要购入茶室、茶器、料理等，还需要特别购入“名物”茶器，所以按当时的市价，五十万算最少的。以今日的价格来换算，即便只有当初的十倍，也有五百万之巨。若以百倍来算，则是五千万的茶会了。如果这是所谓“晴茶”的必要条件，那只能是极少数大富翁的茶会，而与普通的贫穷民众则毫无瓜葛。这种名器聚集的茶会，定然其自身身价不菲，但身价不菲就一定是最优秀的么？

在我看来，这种茶会是财力藐视一切，而非心之力先行的茶会。有钱，能保证他买得起名贵之器，但不能保证他能对“茶”有足够的理解。而且那也不意味着他就是有眼力之人。多数情况下（虽不是所有情况），金钱财物与茶人气质很难走到一路上去。耶稣说，富翁想要进入天堂，跟骆驼要穿过针孔一样难。富翁也有其自身的优势与弱势，即物质世界的优势与心的世界的弱势。做到既富有且清净，是极为困难的一件事。因此，在纯粹的茶道这种精神性的追求上，是缘分较浅的。每每参加富人的茶会，总会感叹其拥有方式的浮华与使用方式的豪奢，所谓素雅，则极易被丢失殆尽，只剩了一场对自身财力的炫耀。至于其本人自诩不俗的态度与言语，多令人不快，与追求枯淡的茶道境界是格格不入的。那为何会出现这种情况呢？首要原因便是这种茶会是建立在财力基础之上的。财力丰厚当然并非坏事，但若把财力当做了最大的根基，则“茶”的深层境界终究是无望企及的。富人们的“晴茶”多数沦为财力、权力的附庸，这种“茶”里怎么能找寻到真正的茶趣?

另外还常见到一件令人不悦的事——献媚于富人的茶人骚客总是络绎不绝。他们一直对“茶”赞不绝口。有钱人身边最不缺的就是阿谀奉承之人，在其经常出入的古董店里这种人最容易出现。此现象大抵都是伴随钱权所生出的宿孽。只要富人还以“晴茶”自诩，则茶会要更深入一步的机缘就少。至少这种没有庞大的财力就开不起来的茶会，其自身的弱势是显而易见的。据闻太阁曾拥有一间金碧辉煌的茶室，所用的是黄金茶器，而这也正是他可怜的一面。前一段时日，美国举行了一次日本美术展，日本方面曾出展了一套银制茶器，听说却成了对方的笑柄。茶器本身怎样暂且不提，但千挑万选却摆出了这样一套器物，与会相关者的愚陋实在不得不让人哑然。

当然，如若极端贫困，那要行“茶”事也是相当困难的。不过普通民众，是应当能够充分享受“茶”才对的。没有名器也是有好“茶”的。只要拥有足够的眼力，就能从无铭品中甄选出足够佳美之品，就能够静下心来充分沉浸在质朴的“茶”的世界之中。“茶”，不应被人类的贫富阶级所左右。可以认为日常生活里的人们，才是最被“茶”所惠顾之人。与其骄奢不如素朴，后者才是更为富足的生活态度。骄奢总是伴随着多种危险，而“晴茶”也终于成就不了真正出色的“茶”。“茶”的光辉大概更容易闪耀在自然平凡的“茶”里。而财力，经常会把“茶”搅浑。这并非在说富翁就不能成为茶人，只是这个过程很艰难，多数都以俗人结局。风流人大抵是对财物淡泊的一类，至少是不会依附于财权之上的。茶人也多少应当有这样的恬淡脱俗之处。

如若这样，则将来的“茶”难道不应该从财力束缚中解脱出来吗？若是还对“晴茶”有所期待，则“茶”要成就更深层次的“茶”是极难的。“茶”应当拥有更多的自由，普通的“茶”是足以成为真正的“茶”的，希望“茶”是“民之茶”。

名器价格昂贵理所当然，而要用得起这种昂贵名器只能靠财力说话。这是因为名器仅限于迄今为止的著名之器，所以是不自由的。不过让人欣慰的是，连初期大茶人们都未曾见过的佳美器物还有很多现存于世。只要拥有发掘的能力，就能以便宜之价获得与名器相比拟的佳品。而且这也并非什么难事，因为较之财力，眼力才是关键。这也是将“茶”从过剩的骄奢之中拯救出来的关键。我之所以认为拥有适度的财富就足够，正是这个原因。所谓适度，就是稀松平常的程度。财富的欠缺，可以用心的余裕去补充。只是要注意如若太过贫困匮乏，心的余裕也是容易闭塞的。而这种不幸，会疏远与“茶”的缘分。这正好跟富人太过有钱，则会在不意间令“茶”污浊一样的道理。无论身处哪个阶层的人都是能有“茶”的，只是中间阶层的人所受的惠顾最多最深。这表示大多数人都与“茶”有着很深的结缘。“茶”是一般人之茶。那些认为有钱人才配有“茶”、富人之“茶”才是最气派的“茶”等等看法，都是极大的谬误。其实富人正因为其富有，行“茶”才更加束手束脚。茶境，与简素之德的缘分极深，而与骄奢却是无缘的。如果万一碰到既是富翁又是优秀茶人的雅士，那这位茶人大抵是在“茶”上不会用财物去堆砌的。让“茶”成其为“茶”，不在于财力而在于其他。我们必须认识到，依赖财力的“茶”是病态的。

今日的民主主义之前，是受诅咒的封建制度。虽然并非封建制的所有都是万恶的，但不得不说其弊害极多，其被打倒的历史性意义也是能明显感受到的。如今很多都已经被颠覆，但根深蒂固的陋习还是时有所见。日本社会之中至少还留有两种封建制度的典型：一是真宗本愿寺里以东西大谷家为中心的法主制度；二是茶道宗师，特别是以表里两千家为中心的封建制度。前者以后再找机会在别处论述，这里论述的对象是与宗师相关的部分。当今的茶汤，竟然还是以宗师为中心的宗师主义。一提到宗师，俨然是对待茶界之王的态度。其存在有着极为贵族性封建性的特征。可为何宗师会受到如此顶礼膜拜呢？仅因为是千利休的后裔这一点是说不通的。那是因为接受过传统的传承，是秘技的继承者，所以就理应受到景仰吗？还是因为在茶事上多有造诣，且有家传的茶室与茶器吗？抑或是因为在点茶上保留着其他所不具有的传统？

法主与宗师的共通之处，在于代代世袭。但世袭者就一定是合格的茶人吗？谁能保证？其实根本性的错误就潜伏在这世袭制度之中。因为继承家业的人，不一定就是最佳的法道继承者。里面有仅因为出身于千家，就能以授茶为业的人吧。里面还有“茶”的才能不详者吧，甚至还有连何为美都不甚清楚的盲目的人吧。至于对深入禅意的茶道之类，全然不知所云的继承者，也是会出现的吧。所以出身于千家的人绝非都是第一流的茶人，大茶人的出现不可能如此轻易。那既然如此，对世袭的宗师那般感激涕零，难道不可笑吗？无视如此浅显的事实，却仍然对宗师如神般的崇拜，难道是有别的理由？这里面无疑是存在着封建制度的典型弊害的。

有趣的是，“茶”是有执照的。作为一个合格可以授“茶”的合格茶人，也是需要客观性资格来证明的。这种客观性保证，被称作“许可证”。而许可权，则在宗师手里。也即是说，手中有茶人许可权的，才被尊称为宗师。可是，千家的历代所有继承者，原本不可能有这样的权威。因为正如前文所述，连名不副实的毫无茶人资质的俗人，也是可能继承家业的。然而现实情况是，这些都无所谓了，只要是继承者就有这个权力。原因何在？

现实情况告诉我们，几乎所有的结果都跟经济相关联。宗师通过提供许可证维持自己的生活，得到许可证的人也通过许可证来维持生计。没有许可证是不会有安心的学徒的。茶人们要在经济上维持下去，不得不说宗师制度是很方便的。也即是说，这是一个经济性的互惠互利制度。然而很多弊害却是如影随形。

把宗师的地位树立起来，也就等于把自己的地位树立起来。宗师活用自己的地位，在很多场合都可以创造收入。比如茶会的高额会费，还有题字、鉴定等，另外按金额高低、态度对比，做各种区别对待等。曾经天主教卖过免罪符之类的东西，而今天的茶人许可证大概也异曲同工。跟去不去地狱先要问问手中钱财一样，今天的茶会也是受财力影响极大的。

千家有很多手艺人都曾做过茶器。如今这也只能算作经济创收的一种形式了。因为那并非陶工们独创性的工作所赢得的名声，而只是因为有千家的看板才做的买卖罢了。看看那些如今的所谓作品，大多数都除了陈腐并无其他。就仿佛是一家毫无竞争对手的企业在制作产品，还添上无聊的外盒与题字，实在可惜。而使用这些茶器的购买者，却反而被承认了其作为茶人的存在。这种滑稽而不合理的情况竟成了当今的常态，除了可用经济创收的理由来解释外，实在找不到任何合理之处。正如前文所述，千家的人并非就一定是大茶人，手艺人也并非就一定全部手艺过关。实际上，作为茶人略显奇怪者、作为手艺人愚蠢可笑者却占了大多数。比如当今的“乐烧”之类，实际上都是些无聊的平庸之作，却价值不菲，实在让人百思不得其解。千家与其周边产业，只是一种人为的权威性组织罢了。而茶道依附于这样的一种组织之上，合理么？

我认为很有必要尽快把茶道从这种不合理的封建制度中解救出来。就我看来，如若要让宗师制度继存下去，就应当终止世袭，严格地选择后继者来承袭宗师地位，或者从一代茶人之中选定也是办法之一。而家中手艺人，也应当以推举的形式，选择名实相符的人来做后继者。宗师，是应当有更为实质性的权威的。这样，茶人的许可证就不再是金钱买卖的结果，而只有实质性习得茶精神的人才能拿到手的东西了。许可证的谢礼也不应该有任何不妥当的性质。现在，获得许可证的人、贩卖者、购买者等等实在太多，应当更加严肃对待才行。

过去盘圭禅师曾对一般庶民以“平话”说教，但对作为禅师的继承法道的弟子们，训教却极为严格，这才保证了禅宗的命脉。禅宗原本就在法道后嗣的选择上非常严格，不会出现世袭之类的情况。连入室的弟子也是经过千挑万选的，并不那么容易。茶道则反道而行，竟可以用金钱购买茶人许可，实在令人扼腕。宗师是应当读一读道元禅师的《正法眼藏随闻记》，好好自我训诫一番了。

另外作为修习者，无论面前的宗师是怎样的人物，都不应当处处感激涕零，以至于过分卑躬屈膝；也不要认为只要有钱就能购得所有的东西。如若不从经济性桎梏中解脱出来，“茶”就永远得不到净化。当今这个时代，茶人却依然固守封建制度，是绝非可行的一件事。宗师制度的弊害如今如此严重，不先将此病治愈则“茶”极难有更为光辉的发展。

十二

有钱的茶人家里，通常都是有提供茶具的道具屋出入的。道具屋不是坏人，这并没有什么不妥，他们对茶具了解甚多，其实还颇有裨益。但他们毕竟是商人，在茶事上也总不免有各种利益为先的情况发生。有钱人对他们而言是尊贵的大客户，所以总不免会时时阿谀奉承。而且，作为长年的商人，心澄者毕竟是绝少数，对待器物之美往往也是以商人本位来看的，有正确看法的毕竟也很少。因此，一旦有道具屋的介入，茶事的空气总不免会被搅浑。这样就实在太可惜了。

不过这还算不上太大的祸害，更为致命的祸害在于“道具屋的茶”。如今的“茶”，一半都化作了“道具屋的茶”，也称“隶属于道具屋的茶”。或许还可以直接这样评价：“是被道具屋拖拽出来的茶。”“茶”本身是离不开茶具的，所以茶汤与茶具的因缘极深。再看看日本的道具屋，规模较大的几乎都是以茶器贩卖为主要经济来源的。因此，若要购买特别有名的茶器则一定会有中介道具屋存在。这些情况又反过来促成了道具屋的渊博多识，因为他们经手过数量庞大的茶器，经验必定是非一般人所能比的。这提高了道具屋的地位，进而成为茶人的茶器解说专家。如今缺乏眼力的有钱人如若没有他们的推荐大概是很难买到佳品的。道具屋毕竟是商人，深谙有钱人的这种心理，结果便是皆大欢喜。道具屋有不少能言善辩者，甚或雄辩家，可以把自己想售出的茶器吹得天花乱坠。而作为买方的有钱人，一面享受着被恭维的愉悦，一面乖乖地对道具屋言听计从。于是“茶”则全然变作是道具屋所引导的“茶”。有时候，道具屋与有钱人之间还有作为中介的所谓小茶人，会通过小茶人把茶器卖到有钱人手中。这样愿打愿挨的事情绝不少见，可知茶事因着商人的买卖究竟被搅浑到了何种地步。另外，道具屋还经常牵线搭桥发起各种茶会，比如某某忌日茶会等，但通常目的都是为了更为方便贩卖茶器。

不过这作为商人来说也并无可厚非，更何况风格高洁的商人也是存在的，一味贬低商人也是愚蠢之事。但商人，特别是古董商人之类，其买卖的目的总有不纯的倾向，而缺乏净化、提高其人格的机缘。最终结果就是，茶事因商人之力的加入，变得不再纯净。

大概谁都注意到了，在日本茶器的价格简直是病态的，那绝非是器物本身的合理价位。主要原因还是在于定价权被紧紧攥在了商人手中，物品的市价会经常被商人哄抬。更可悲的是，买方竟很顺从，毕竟买者甚多。

然而这也是无法仅仅高声苛责商人的一件事，跟买者自身缺乏见识有相当的关系。特别是那些有钱却没眼力的人，始终是不知道该以怎样的标准去购买的。商人的惯用手段有两个，一是虚张声势。购买者认为越贵越好的心理已被商人揣摩得一清二楚。定价低卖不出去，改作高价反倒很容易卖出去，这种情形大抵已司空见惯。当买者如若无知，常会把价格高低当做美的标准。二是如簧的巧舌。当商人罗列种种器物的价值时，买者也不知不觉就相信了。当然那些话也不尽然都是假话，但毕竟言不符实的情况更多。更何况其目的是为了卖出，难免会有虚高的说明。而买者倘若是缺乏自信的，就很容易被牵着鼻子走，影响最终的判断。道具屋不推荐的就不买，也不能买。这实在令人悲伤，连道具屋都不如的买者，竟占大多数。这也是道具屋能继续充当跳梁小丑的一大原因。而且其倾向越发严重，如今没有道具屋介入的“茶”已相当之少。多数茶会都是不为我所喜的，原因就在于看到茶人们那些毫无主见的“茶”实在太过悲哀。有主见的好“茶”难道全都消亡殆尽了吗？

我就是认为当今的茶人毫无主见。虽然并非所有人都是，但大都对宗师如此服服帖帖，被道具屋妥妥地牵了鼻子走，把高价品错当作佳品，认为外盒题字不可或缺，把手艺人的茶器当成是最好的，然而却从不以自己的心与眼来做取舍。至于原因，在于其自身并无这种选择能力。如果多数茶人都能自主地行“茶”，那“茶”的历史已经遥遥领先了不知多少，还会筑就一个有着辉煌贡献的美的世界。茶人，就应当有茶人自身的权威。可不知何时，这种权威的大部分已经被道具屋占了去，实在可笑。

道具屋也算是在“茶”的历史上作出了一大贡献了，但他们必须担负起把“茶”搅浑了的责任。然而，其实最应该责备的还是茶人自身的毫无主见。就因为是茶人，所以应当更有见识更有眼力，其修行与体验也应当超出商人一两个层次才对。或者应该是茶人给道具商指路，让他们能够朝着正确的方向前进。而缺失这种权威的茶人，究竟还能被称作茶人么？

十三

但凡对“茶”越是关心的人，则越会对佳美之品用心。那他们所用的器物是否就都是美的呢？结果却几乎都是否定的。理由又何在？正如前文所述，他们所选择的茶器几乎都无关痛痒，却还每次都在茶会上让与会者逐一观瞻，我不愿出席也是因为实在受不了这种蠢笨。偶尔也会有一两件令人惊异的名器现身，但接下来又都只剩了粗鄙之物，让人好不扫兴。另外还有一种根本性的病症，而未曾犯病的茶人简直少之又少。请看下文。

茶事在茶室进行是理所当然，可一旦走出茶室，来到家庭日常里，来到平素的起居室、客厅、厨房等，大概就会见到很多与“茶”之心不相关的物什，即一些与茶室内的气氛无缘的东西。日常起居当然是可以不与茶事相关的，但茶室内与茶室外竟全于格格不入这一点，只说明了一件事，即茶室仅仅只是个一本正经的去处，成了与日常起居相矛盾的地方。

比如先在一间极为气派的茶室内，用高级茶器来细细品茶。所用器物之类全都是空寂之美的表现，墙上还挂有禅僧的墨迹。以此来告知主客，这就是所谓禅茶一味。然后又踏出茶室，回到起居室，开始喝名为番茶的粗茶。所用器物有陶罐、茶壶、茶碗、茶托、盆子、盘子等，而至于里面是否藏有茶之心，是很难有肯定回答的。这些并非“茶器”，都显得很草率马虎，很多都平庸无奇，有些甚至很俗。而起居室里的那些生活用品，柜子、桌子、文具等也并非精挑细选过后之物，却也心平气和地用着。地面上放的装饰品，大概都不会再去瞧第二眼。墙上挂轴也以劣质的居多。茶室里的“茶”很浓郁，可日常生活里的“茶”很寡淡。再看看厨房里的那些盆瓢钵罐等，更是不会讲究了。这种日常，难道与茶人身份不矛盾么？

在普通日常里，也并非就一定要用什么名器，不可能也不必要。只是，“茶”已提供给了我们一个美的标准，我们应按这个标准来对其他器物做一个整顿。至少真正的茶人，理应对日常用品的选择也有一番讲得通的理由。仅在茶室里用一些有茶意的器物，已无意中弱化了对“茶”的追求。

如今的“茶”大都是在茶室内的“茶”，一旦走出门外，“茶”就消失了，这又说明什么？在我看来，茶室是一种修行道场那样的地方，只有把在茶室修行所领悟到的东西融入普通日常之中，茶室里的“茶”才是真正的“茶”。在某种意义上讲，普通日常才更为重要，若是缺乏普通日常里的茶事基础，则茶室里的“茶”就只能是虚张声势的。就像教徒只周日去教堂做做礼拜，而平素连日常祷告都没有，那不是很奇怪的事情吗？行住坐卧的祈祷生活，难道不就是周日仪式上所教的内容么？茶室作为茶室来对待，其他居室作为茶室的延长来对待难道不更好？当然完全没有必要把所有居室都改作茶室，只要有茶的精神贯穿所有就可以了。日常与茶事隔阂如此严重，不得不让人怀疑是“茶”患了虚张声势的病，只要这种状态一直存在，则作为“茶”的修行者就是不合格的。茶事仅在茶室进行，是着实让人困惑的一件事。日常的“茶”，非茶室内的“茶”，应当更为注重一些才对。当日常的“茶”也有了茶心，则茶室的“茶”就终于修成正果了。千万不要只做一个茶室内的茶人，而应有其日常茶人的一面。难道“茶”不应该从限制在茶室内的“茶”中解放出来么？

对茶事有一定心得以后最想做的事情之一，就是制作

茶器。在对“茶”有一定了解，知晓各种茶器之用后，很多人都想尝试自己制作或者监督他人制作。而且几乎所有的瓷窑竟然都有茶人出入，并都在按其意愿烧制茶器。然而结果究竟如何？像我这样看过各地瓷窑的人，一眼就能发现，瓷窑竟都被那种茶趣味所毒害了。明明烧制的是极漂亮的民器，却被强迫去烧制茶器，还美其名曰提高瓷窑的水准。但真正的茶器怎么可能这么简单就烧制成功？

首先，陶瓷器（其他任何工艺类都是如此）并非外行随随便便就能制作得来的东西，需要有对素材、釉子、烧制方法等等多种专业知识的了解与体验。而茶事心得，并不能即刻成为能参与烧制的资格。不管在一旁怎样费尽口舌去要求，真正的烧制并不那么容易。在很多瓷窑都能看到尝试性的茶器，而且外行的气息浓郁，这让人不得不用自作自受一词来作评。更何况对茶事详尽的人，并不一定就看得见美。也不知到底有多少显露出了时代末期的那种羸弱病态。茶人不一定都是创作家或者工匠，但却反倒在瓷窑指手画脚烧制茶器，这到底该称作僭越还是愚蠢实在令人困惑不已。我知道一位陶瓷学者在瓷窑指导烧制的例子，成品简直一无是处。不合身份的事情，最好还是不要去做。即便把其他工作全部丢弃，专心诚意地置身于瓷器烧制的工作中去，也一样难以做出成效，这就是陶瓷之难。自诩有点儿茶心或知识，大抵是全然无用的。我在各处瓷窑所见到的各式各样的所谓茶器，实在寒碜，实在丑陋。之中甚至出现了因此而荒废的瓷窑。比如有名的伊部烧之类，已然病入膏肓，如今再没有看得过眼的作品。如若跟过去一样，回归杂器的烧制，大概会更容易生产出可用于茶器的作品吧。

毒害日本瓷窑的不偏不倚就是茶趣味本身。我们必须谨记，初期的名器原本就是实用的杂器，而非以茶趣味为出发点而故意为之的作品。这不是在说从一开始就不能抱着制作茶器的目的去做，而是在感慨由茶趣味为出发点的矫揉造作的制作是绝难到达无心之域的。无论是中国的茶筒，还是朝鲜的茶碗，所有一切都是民器中的杂器，而非一开始就是茶器，这是不可或忘的一点。

当我们巡游日本各地瓷窑时，会发现一些传统的纯然的杂器，而这些则是完全可以升华为茶器的佳品。正好跟初期茶器有极大的相通之处，是本不以茶器为目的的杂器。而且这些精彩的杂器，即可以拿来用作茶器的佳品，通身是没有一丝一毫矫揉的茶趣味的。这是各地的民器所告诫我们的事实。

茶人啊，还请反躬自省一番吧，作为外行人是没有资格去烧制茶器的。如若极想尝试，那必须得全心全意埋头苦干成为内行人才行。而这也无法保证就一定能烧制出佳品，一定要有十之八九是失败之作的心理准备。正因为你们愚蠢地介入，日本的瓷窑如今已然被毒害，而目睹这一切的我，无法不发出这样的警告。名器，不可能在那样廉价的态度与立场下出现。日本陶瓷的大多数，正是茶之病的如实的象征。为不让后代引以为耻，我们应当时刻不忘自省吾身。

《临济录》中有言："无事是贵人，但莫造作，只是平常。"这句话当用以作为茶人的座右铭。毕竟"无事之美"是茶之美的极致，而非其他。井户茶碗的美，也正是这无事之美的如实外现。另外此话还亲切告知我们，所谓无事，即但莫造作。如果能够理解"茶"要切忌"造作"，即切忌故意"作为"，那"茶"无疑是可以恢复其本身的正当性质的。然而把茶禅一味当做口头禅的茶人们，对临济禅师的教诲却充耳不闻，绝难有反躬自省者出现。

前文也已提到，故意的作法、假装的风流、刻意的茶趣，往往都会令之成为近乎于玩笑的东西。这些都是太过造作的毛病，此病之下不存在“无事之茶”。最为多见的例子是后代的茶器，比如“乐烧”等，故意将形态扭曲，把表面弄得凹凸不平，还用刮刀刻意做出伤痕。这些所谓技巧都被误传为“雅致”。但从茶禅的立场来看，大都是偏离正道的做法，是彻底的造作，与“无事”有着天与地的差距。后代的茶人们竟盲目地把这些当做风雅的茶器，其谬误实在可叹。

“井户”等的歪斜、瑕疵，以及外观的粗糙，只是自然形成的结果，没有任何故意作为残留其中。所以，“井户”是纯然的杂器，而“乐烧”却没有这样的品性。“井户”的歪斜与“乐烧”的歪斜，可当做“无事”与“有事”的对比，从中可见到根本性的差异。而现实之中对此视而不见的茶人却那么多。这种故意作为之病，正是侵蚀“茶”的“膏肓之病”。我们都知道“井户”之美是“无事之美”，可偏偏去烧制“有事”的“乐烧”，这是怎样的一种谬误！今后会怎样我们都无从知晓，但这样的“乐烧”继续下去是无法到达无事之美的境地的。这连有名人士光悦也无法做到。茶道是与临济禅有着极深渊源的，但无视其祖师临济禅师的教诲、执念于“有事”、让“茶”在矫揉造作里沉沦，这又是何苦?“茶”总应当一直是“无事之茶”，若不其然，“道”将从何而生？茶人们又该如何面对恭恭敬敬挂于墙上的禅家墨迹？行茶事，就应当行“无事”，当今始于“有事”又终于“有事”的“茶”，终究是枉顾了“茶”之名。

不过诸位请注意，我并非是在论证只有杂器才能成为茶器。立于意识之上的个人陶，也并非就不能获得茶器的地位。只是这条路很艰难，极不容易达到无事的领域。倘若有一日达到了，那一定是从造作中解放出来以后，其中能见得到杂器的纯然特性。

“无事”一词，用自在、无碍来替换也是可以的。如今的“茶”里，的确缺乏自在。被意图所囚禁、为雅致所捕获、在作为里沉沦、于金钱之中堕落，竟没一处有无碍之境的意味。然而本来的“茶”是无法应允这种不自由的，难道茶人们都看不见他们所推崇的井户茶碗其实就是从无碍之境中生出的么？茶人们这种视而不见的推崇实在可笑。如若能够体悟到那才是无事之美，怕是会在对自身茶事的自省中羞得要钻进地缝里去吧。早年的大名物“筒井筒”据说市价曾有一百几十万，这并非是与其美相称的价格，只是因为名气太大而导致的价格虚高罢了。连“筒井筒”自身恐怕也只能苦笑作罢。难道就没有茶人可以切实地体悟“无事”，并完美地行“无事之茶”么？要让茶道再次重获生命，只能期盼那样的茶人快快现身，攻克所有的茶之病，把康健的“茶”再度呈现给世人。

至此我列举了有关“茶”的诸多病症。哪个时代大概都会有这样那样的毛病，但恐怕重病如今日这般的并不多见。而且已经病入膏肓，实难医治。再不动动手术，恐怕只能徒然成为后世的笑柄，成为与时代格格不入之物。纵观“茶”的历史，至今大抵是功过各半，有光辉而深刻的一面，同时也有黑暗而愚昧的一面。特别是至今遗留的封建性，算得上是“茶”之癌。再不切开取出，只能几近于死亡了。莫名对千家推崇备至、用金钱买卖大师地位、把型囚于形式之中、错把愚陋的茶器当美品、对怎样的美品都视而不见、把茶事之巧者当做茶人、善于矫揉造作假装、认为富人的“晴茶”就了不起等等行为，都真正愚蠢之至。至于把禅茶一味当口头禅的人，到底对禅有何领悟，进行过怎样的修行与思索呢？另外还有如今日一般与禅相隔甚远的茶么？这不禁让人想起耶稣的那句锋锐的话：“只能重生。”

茶道也可被认作一种美的宗教。是在东方特别是日本发展起来的、由美的意识与佛法在茶道上结合所成就的一种稀有之道。这将作为日本的传统，成为留给后世的文化遗产。仅此一点，也让我们有责任去保护它的成长，去替它把诸多病症一一去除。良药苦口利于病，希望我的这篇文章能够成为一个良方。

新茶

是时候在茶道上作一番明确的改革了。家元制度所带来的弊害，现今已极多。是时候出现以净化茶道为志向的人了。现今的所谓茶道，与道已隔得太远，为金钱所冒渎、为人性所浑浊，一味地在茶事上铺张，这并非茶的发展，只不过是人被茶事这种形式所囚的表现罢了。

所有的改革都必须伴随着行动。为了给老朽的茶事注入新鲜血液，我们民艺馆代表大多数人企划了一场茶会。当然，其目的是去除当前茶事的所有毒害。

首先，要行一次与家元制度无关的新鲜而真实的“茶”。家元这种世袭制从来都被奉若神明，我们首先要从这种不自然中解放出来，求得自由。当今的茶道宗匠，其大多数在我们看来都只不过是三四流的茶人而已。我们是不应当把未来的茶事寄托在他们身上的。无须借用他们的力量，也足够建起一条茶之道。

现行的所谓茶会，越是有名便越是有茶具商的深度介入。在茶具的选择、使用上，茶具商自然有其存在的价值与方便之处。但为了把“茶”从商业买卖中拯救出来，我们的茶会首先就要远离茶具商。更不用说什么让老板娘进进出出，让盛装小姐托盘送水之类的了，该弃则弃，会更显清爽。

其次，当今的茶礼之中有太多不必要且不自然的做法，我们需要精挑细选，保留有价值的，舍去没有价值的。另外还有很多自居巧匠的小茶人，其智慧并非真正的大智，不过一些浅薄的自负罢了。真正的“茶”不会存于其中。与茶会、茶道具相关联的钱财上的贪欲，也是茶事需要被洗净的一面。茶事上的资格证书，无论哪种都跟金钱买卖脱不了干系，真让人有种末世之感。捐赠与征收，不可混为一谈。茶事并非买卖。

除了人格魅力的低下之外，当今茶人们最为令人扼腕的是眼力。无论家元还是许许多多的宗匠，请恕我冒昧，其十之八九不得不说都是睁眼瞎。茶事所用书物的选择实在不敢恭维。所以即便偶尔能见到不俗之物，其美也并非是被他们自己充分认识到的。而家元的茶会上所出现的俗物，即便俗得不忍再看第二眼，也仍然是被追捧被恭维的对象。

这种现象到底是怎么造成的呢？是所见缺乏自由的缘故。那些把箱盒看得重要无比之人，是看不到器物真正之美的。茶祖们难道当初也是依据箱盒所写字句来对器物之美来作判断的么？三四百年的历史了，但茶器内涵却仍然停滞不前，这正是当今茶人们的眼力之贫瘠的证据。须得更多地去接触那些活泛的、新鲜的器物之美。

在生活方式逐渐改变的当今，在茶之样式上作一些创新也是大势所趋。特别是有桌椅的茶法值得提倡，其后大概还会在茶室大小上做些改变，当然这会带来茶室样式的改革。当今的茶室之病太多，应当回归一条更为健康、正常之路。“茶”只要还是“道”，就应当贯彻禅之理念“无事”，回归“无事”之路。

奇数与偶数

若用最为简单的言语来表述东方美与西方美的特色，大体“奇数美”与“偶数美”是比较恰当的。即便有特殊个例，从整体上看也算妥当了。

所谓偶数，是完全之数，可以除尽；而奇数是不完全之数，有着不可除尽的特性。

在西方文化里的“完全”，是从希腊时代以来的一种理念，其所追求的美的模样一定是完全的。而唯理论则是对这种倾向的强化，以求所有方面的理论正确性。西方就是这样促成了科学的发展。科学是基于数的学问，其所创建的法则也同样具有可以除尽的特性。精密科学，就意味着数的正确性。西方文化无论怎样都是要朝着偶数性方向展开的。

但东方却正好与之相反，奇数里有着生命的深邃感。如果西方用可以除尽的“二”来表述，那东方就是无法除尽的“一”，即时常可见的所谓“不二”。东方思想的代表佛教，就是“入不二门”的，即步入“非二的法门”。因为总是专注于这种不二，所以不属于偶数文化的范畴。在东方，科学尚未充分发达起来，其内里的不二思想便是原因之一。“不生不灭”、“色即是空”这些教诲，是无上真理的体验。“二”，是理论性知识；“不二”，是非唯理性的直观。这种非唯理性才正是奇数的深邃之处。可以说东与西在这点上正好是相对的。

偶数文化，在命运中注定是要有机械出现的，其成果便是机械制品。何为机械制品的美？是完全的偶数美，里面不存在在数上未被整理过的东西。而且因数之法则的严苛，也没有丝毫可以跳出其外的自由。机械美是限定在偶数范畴内的美。从这个意义上讲，极为单纯且明确。总是单一之数，而非复合之数。这也正是机械支配容易陷入单调之中、容易变得冰冷的缘由。

把化学纤维与天然纤维，或化学染料与天然染料拿来做个对比，便可一目了然。后者在强弱、粗细、大小、软硬的组合上是复杂而不确定的，所表现出的是一种不规则性。而前者总是一定的、规则性的，这也是机械制造的前提。我们拿尼龙与绵绸来做个对比。前者是科学性唯理性的产物，线的粗细、韧性，弹性都是一定的；而后者绵绸却是不定的，因此才有绵绸的味道。前者是偶数系的，后者是奇数系的。染料领域的化学蓝与天然靛青，道理也完全相同。

世界将来的文化，应当是奇数与偶数、不定与一定的对立和此消彼长。比如在商业性科学性方面，偶数性的东西大抵会更多；但艺术性方面，奇数性的东西大抵会更受欢迎，因为其内里有着未被限定的自由。

想让其中一方完全消失是不大可能的。双方都有着自身的优点与缺点，并且互为补充。就跟科学与宗教的问题一样，相互尊崇与配合才是正道。只是，这并非左手与右手的关系，而是基础与建筑的关系。“不二”、宗教、直观是基础，“二”、科学、理论是基于其上的建筑。这也可以看作是价值界与事实界的关系。明白了这点我们就可以知晓，东方文化所赋予西方文化的恩惠到底有多大。所以一味地崇洋媚西，毫无意义。

奇数之美

一

最近美术运动的显著倾向之一，是对变形（deformation）的追求。所谓“变形”，就是打破既成之形，可谓是人类追求自由的愿望的一种表现。虽然称之为“不定形”、“不整形”也是可以的，但为了理解方便，这里便称之为“奇数之美”。“奇”并非奇怪之意，而是与“偶”相对的“奇”，是“未齐整之态”，即让形状保持不均一、不齐整的状态。总之“变形”与“不均等”（asymmetry）是相通的，而简单地称之为“奇”或者“奇数”，是为了表现无法整除之物的深度（奇也可作“畸”，后者本义是指无法规整的田地）。

变形的主张虽是近代的，但实际上所有的真实艺术都存在着某种意义上的变形。这是因为，只要追求自由，就必定要破除齐整。特别是上溯到中世纪以前，无论东方西方，通常都是以变形来表现的。比如中世的雕刻里常见的怪异美（grotesque），就明显是变形之美。这怪异美一词，在美学上可谓是严肃词汇，近期被误用当成了猎奇之类庸俗不堪之意，实在甚为可惜。一切的真实艺术都在某种意义上有着怪异美的要素。日本有名的“四十八佛”之类，这种性质尤其浓厚。因此，变形的表现绝非全新之物，只是在近代作为主张之一被有意识地提出来罢了。

那为何近世会强调变形之美呢？这是追求真实之美者的必然结果。原始艺术给近代的艺术家来带来了极大的刺激。近年来各国都致力于探险、调查、收藏等，这就给大家提供了大量的新材料。而对其美的价值最为赞叹最为倾倒的，就是艺术家们。马蒂斯也好毕加索也罢，还有其他多数创作家们，都把原始艺术当做了新的美之源泉。他们所追求的变形之美、奇数之美，没有比原始艺术更为自由的表现了。而非洲、新几内亚、墨西哥等其他土地上的原始民族的作品，被赞赏被展示，也只是最近这二三十年来的事。最有意思的是，最新的艺术却是从最原始的艺术中获取养分的。这与在印象派时代，由日本浮世绘所带去的影响颇为相似。

因此，变形之美，即奇数之美，并非任何全新的表现，只是对奇数美的价值有了重新认识，并在意识上对其有所强调。这便是近代艺术的特色。从自由会自行回归变形这层意义上可知，变形的主张是含有深刻真理的。只要是自由之美，必然会回归奇数之美。

二

不过，最早对这奇数之美有了认识，并将其作为创作原理的，实际上却是日本的茶人。那还是距今三四百年前的事。拿起当时的茶器来，就什么都一目了然了，没有一件缺乏变形之美的茶器。反过来看，即那些完全齐整的器物并未被选用来当做茶器。

在“茶”的领域里，“数奇”这个词已经用了很长一段时间。今日还有“数奇者”、“数奇屋”、“凝聚数奇”等很多说法。据桑田忠亲的《日本茶道史》所记载，“数奇”一词是动词“好”，是喜欢之意。于是桑田把自己书中所有的“数奇”都改作了“数寄”。

其实这词原本在“茶”之前就有，文献里有“歌数奇”之类的词，而后不知不觉便成为了“茶”的专门用语。如今用“数寄”的人也逐渐多了起来，但原本大概还是应当写作“数奇”。足利义政时代，即文安年间（1444年左右）所编辑的一部汉和辞典中的《下学集》里有数奇一词。而后查询一般的《节用集》即可获知，至少到宽永年间（1622—1644），都是记作“数奇”的。之后正保年间（1644—1648）、庆安年间（1648—1652）才开始有“数寄”的字样出现。因此，大体上在一休、珠光、绍鸥、利休、织部、宗湛、光悦等人的时代，即十五世纪中期到十七世纪初期，基本都是记作“数奇”的。而这段时期是“茶”的黄金时期这点无须赘述。

但究竟为何会把动词“好”记作“数奇”呢？桑田氏只说是因为两者日文发音一样。那万叶假名的“寸纪”、“须几”也都发音一样，为何仅选“数奇”而不用其他呢？而且，若只是因为发音一样，那避开更加通俗的动词“好”，却选用字数笔画更多的“数奇”二字，难道就是合理的么？难道不应该有超出发音的其他更多的涵义存在么？这里还需要弄清一点，说“数奇”二字并无其他意义只是动词“好”的代替，与说把动词“好”换作“数奇”二字其实还另有深意，这两种看法是不一样的。

最为明晰地持有后者立场的，是《禅茶录》。此书阐明“数奇”之意就在于杜绝奢侈，知足常乐。奇与偶相对，暗示着缺乏与不足。也即是说，就跟奇数一样，是无法成双成对的。奇数无法整除，剩有余数，这是不充分的表现，而从中正好能看到茶的精神。因此数奇二字明显含有对“茶”的理解，是有着更为深刻的涵义的。结论就是，“数奇”并非只是动词“好”的同音词，另外还暗示着茶之美就存在于奇数美之中。我的看法也与此类似，数奇与奇数其实有着相同的意思。只是“数奇”在茶语里多用，“奇数”是一般用语罢了。我们可以这样认为，“数奇”是动词“好”的同音词，同时也另有他意。

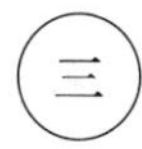

动词“好”在日文里有两种发音，而且“好绘画”、“好唱歌”等说法也都是自古就有。但所谓喜好，也有深浅浓淡之分，沉溺于好物玩物之中，或者好色等等就跟茶道风马牛不相及了。因此为了与普通意义上的喜好区别开来，这才用了同音的“数奇”二字，并赋予了它全新的含义。

那又为何后来用“数寄”来替代“数奇”了呢？恐怕

理由还得这样来分析。数奇一词其实在汉语里也在用，但汉语的意思却是“不幸”。比如“数奇的命运”等，表达的是诸事烦多的一生，特指命运多舛。于是，为了避免与“不幸”之意的汉语发生混淆，于是日文则改作了“数寄”。

“寄”是“心之所寄”，留住了动词“好”的意思。因此，新词“数寄”成了日文专有词，从而出现了人们则有时记作“数奇”有时记作“数寄”的现象。不过，“数奇”二字是本来之形，这毋庸置疑。而且“奇”比“寄”在意思上更讲得通一些。

桑田氏在其著作《茶道史》上全都用的“数寄”二字，而且书中引用的古记录（72—73页）摘录，也用的“数寄”二字。但据我所知，《二水记》大永六年（1526）七月二十二日，青莲院这条里，明明是“数奇宗珠”、“数奇上手”的字样。桑田氏却将其擅改为“数寄”，难道这是谨慎之举么？不过或许在他的学术研究里还有其他某种充分理由吧。但就这位学者的观点来看，“数奇”只是同音的“好”的代用而已，数奇与数寄都没有区别，所以把所有的数奇改作数寄也无甚不妥，全部统一成数寄更为方便。然而“数奇”却并非只是“好”的代用，不然“寸纪”、“须几”之类也完全可以替代，仅用“数奇”二字，是经过选择与考究的。其理由我们应当充分理解。

因此，“变形”即“奇数形”，这并非全新的艺术之路，而是一切真实艺术的必然。只是，正如前文所述，将这变形之美放入意识领域并进行强调的是近代艺术的特色，而东方已于很久以前就在“茶”的领域对“数奇”之美做过鉴赏。这“数奇”与近代的“变形”或“不定形”的意思较为相近。茶人们在这种美上确立了茶道，而且同时拔高了能展示这种美的器物即茶器的地位。

因此茶人们所钟爱的美的世界里，有很大程度上的近代的东西，甚至可以充当其先驱，这是历史性的事实。另外，在东方已很发达的南宗国画之道，在西方也是踪影全无，或可当做一门崭新的美学。说到美学，若是仅以西方马首是瞻，则不免显得没有见识，建立一门东方本源的自主性的美学，也无不可。

近来美国的陶瓷主张所谓自由形（free form），即故意扭曲形态，想尝试着制造出一种不均等的美，而且有加速流行的趋势。但日本的“乐烧”却显然是这种“自由形”的先驱，都是对变形之美的追求。在明代末期，日本的茶人从大明定制了一些瓷器，现在还有不少留存于世。这里面也有很多原本大明所不曾有过的人为的扭曲或歪斜，也是“茶”所要求的变形即奇数形，是陶瓷历史上的特别的存在。

现今在美国所烧制的个人陶，大部分都东方色彩浓郁。由此可见，所谓新的自由形运动，其实原本是受了茶器等的影响而展开的。

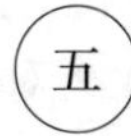

茶人所爱的这些奇数之美，用新语言来进行说明的是冈仓天心。他在其著作《茶书》里把奇数之美称作“不完全之美”。我们现代人对此大概会有更加深刻的体会。“不完全”本是对“完全”的否定，指的是“并不具有完全形态之物”。联想茶器就能即刻发现，茶器形态歪斜、外表粗糙、釉子浓淡不一时有重合、有时亦有瑕疵，所有都是“非完整的模样”、“未被整除的姿态”，也就是所谓不完全的样子。但茶人们却从中看出了无尽的美，而冈仓天心将其称作“不完全之美”。

然而为何要避开完全之美，去欣赏不完全之美呢？让我尝试着做一下说明。假设形态被制作得非常完整，那就决定了其完全之形，再无其他任何余韵留存。也就是说，一旦完全了便会丧失内涵，这是对自由的拒否。其结果就是静态的、既定的、固化的、冰冷的。人类（大抵是因为自身并不完全的缘故）就是这样从完全中发现了不自由。完全之物，是可以整除之物，不再有任何对无限之物的暗示与期待。而美，是必须要有余裕的，是需要跟自由相结合的。甚至可以说自由就是美。至于为何会喜爱奇数，为何会恋上变形，也是因为人类对自由之美的追求是永不停歇的。所以才会有对不完全的企盼。茶之美，是不完全之美；而完全的形态，反倒无法成为充分的美之形态。

在天心居士的不完整学说基础上重新确立了新观念的是久松真一博士。其著作《茶的精神》就是对这个新观念的阐述。不完全这个说法，毕竟只是意味着到达完全的途中阶段。而不完全这种性质，并不具备直接与深层美相关联的契机。不完全只是一种消极的内容而已。真正的茶之美必须是更加积极的东西。因此，应当从“不完全”再度出发，最终到达“对完全的否定”；必须要通过打破“完全”这个僵化的世界，最终找到自由。这些，并非单纯的“不完全之物”，而是“对完全的积极否定”。这个观念可谓是把天心居士的思想深化了一大步，是对奇数之美的特性更为明确的阐述。

比如见到“乐茶碗”等，便很容易明确体会到“对完全的否定”。那不是还未完成的不完全之形，而是为了打破完全的僵化，积极地在否定完全。“乐烧”热衷于手工制作，就是对辘轳所制的完全的圆形的一种拒否。而且器皿躯干、边缘、底座，都通过切削、按压等给整体带来一种歪斜扭曲感。外表上也尽量做到粗糙。釉子也尽量做到浓淡不一。这一切的意图，都是对完全的打破，是要通过这种对完全的积极否定，令生命在茶之美中复苏。而且，这种倾向并不局限于茶器之内，而是已扩散到整个日本陶瓷界，畸形随处可见。这些可以说都是“茶”的影响，“茶”以前是不存在的，甚至可将其看做是近代的所谓“变形”、“自由形”的先驱。其所有都是对完全的意识性的否定。

七

然而，天心居士的“不完全之美”也好，久松教授的“对完全的否定”也好，就能充分阐述茶之美的本质了吗？在我看来两者都还有很多说明不够充分的地方。

完全不完全只不过是相对性的话语罢了，否定肯定也是一样。如果不完全是与完全相对，是去往完全的途中的话，那对完全的否定，也是无法走出其相对的意思之外的。但终极的茶之美，却不可能在内容的不完全上止步。茶之美，是一种“无相”，此番真意无法止步于对无的否定。其实无论否定肯定，都已脱离了无相。

因此，真正的茶之美，是不会囿于完全或者不完全的，而必须在于两者的区别趋于消失的境地，或者在于两者还未曾分离之前的世界，或者在于完全即不完全那样的境地。不为二相所囚的自由之美，才是茶之美的本质。这种美，让我暂且以“奇数之美”来称呼。这里的奇数，并非单纯与偶数相对，而是不囿于奇偶，自身有余数生成的奇数。因此“奇”的真意在于终极无碍。而像变形那种意识性的否定，还算不上是无碍之境，还只是滞留于完全不完全的分别，还只是被束缚于肯定否定的分别之中。真正的自由，是在这种分别出现以前。而这里的以前，亦非是以后的反义词，而是容许对时间先后无区分的境地。近代的变形主张，至今我都看不到有充分的自由之形。

举一些实例则可以看得更加明白。无论是朝鲜茶碗还是中国茶筒，原本都不是为了追求完美而生成之物，亦绝非以不完全为目的而制成的。同时也不是为了反对完全而特意否定的结果。而是在这些分别出现之前就率直地生成了。甚或不如说是在一个并不存在所谓分别的世界中就已经完结的工作。禅语里有“只么[1]”一词，这些器物，仅仅是只么作成的。原本是杂器，并非以茶器为目的而作。因此，与“对完全的否定”之类的意图是无缘的。而且这些器物也并非是对不完全之美的一种追求，只是如此就生成了。简简单单毫无波折地就生成了。此处的“只么”的境地，才能把心的一切纠结都抚平。而“对完全的否定”是无法“只么”作成的。“只么”作成，是自然地无事地

①只么:佛禅用语,意为“如此”。

完成，甚或是在连“只么”是什么都无须思考的那种境地里就作成了。因此这才称作“只么”，置身于“只么”才是无碍的。为追求雅致反倒会很快陷入不自由之中。同样为谋求自由反倒会被自由所囚禁。因此如若否定完全，则会跌落在新的不自由里。例子里的茶碗茶筒，却没有那样的不自由。

观瞻那些茶器，可以发现形态上有些许的歪斜。但这是自然生成的歪斜，无论其歪斜与否都是无关紧要的。同样，被称作“梅花皮”的表层的粗糙，也并非是刻意为之。因其本身是杂器，粗糙也极正常。另外，釉斑也并非是对色与景的追求，只是随意泼釉而自然形成的，并非因“随意”很好，就故意去营造出来的。所以，起初就不存在任何的目的性，其制作方法平常而自然，无碍而自在。

也就是说，心里是全无任何分别之心的，而绝非有了分别之心后的工作。那些都是在无所谓前后的纯然心境里，只是如此作成的。而且也并未被“只么”所囚。倘若尝试去朝鲜旅行，并访问那些工房，则所有的谜团就都可以解开了。工作场地、辘轳的使用方式、泼釉手法、绘画上色方法、瓷窑的筑成方法等，都是纯粹的自然的。跟风起云动、水往低处流一样自然。而这贯通无碍的姿态，才是无尽雅致的源泉。相反，若一味谋求雅致，雅致又从何而来？只会重新陷入不自由之中罢了。美，其自身带有奇数的特性，正是因其无碍。

九

茶人所用的“数奇”或者“粗相”，承认了美的深度，可谓正是茶人们的卓见。“粗相”的“粗”，有奇数之意。能在粗相物中发现美鉴赏美，可谓是日本人在美的意识、美的体验上的显著优点。这“粗”，与宗教理念的“贫”有着相通之处，把“粗相之物”叫做“贫瘠之美”也是可以的。这里的“贫”不是作为富的反义词的贫，而是包容真正的富的贫，即长时间来东方哲学里所称道的“无”的境地。那是不停滞于有无之别的无。当“无”成形时，亦被称作素雅，成为所有的美的终极目标。所谓素雅，就是粗相的美、贫瘠的美。这也是茶人们能体会到深邃的素色之美的原因。在美的世界里对这种“贫”的追求，也正好展现了日本人特有的美学观。

在奇数中凝视美的理念，与希腊人追求完全的美学理念，这两者何其不同！希腊美学之后受此影响的西欧人对美的思考，正好跟东方相对。比如西欧的陶瓷就极少有素色的，而且也几乎见不到有谁在欣赏素色之美。可以说，较之奇数，西欧更中意于追求偶数，即能够整除之形。

希腊的美学理念，在于完美。而最为典型的例子，则是被赞匀称的人体之美。那些平衡匀整的希腊雕刻正是这种完美的表现。而东方却是追求的奇数之相，其表现则形成于自然之中。前者是可整除的匀称之美，后者是不可整除的不匀称之美。茶道总在探讨后者的美之深邃，而且还能从东方的、佛教的这些更为广泛的角度去看、去体会。

或者还可将这两者的对比称作“合理性之物”与“不合理性之物”。西欧科学发达的理由，在于合理性已成为思考事物的基础。而东方选择的不是理性，是直观，是从非合理性中感知其意味。从理性知识上看，是一种飞跃，而非渐进。所以对事物的看法通常依存于理论性体系的很少。西方的机械文化获得了较早的发展，而东方如今还在手工制作上不遗余力，正好可以看做两者的现实对比。

茶器之类，真的不是理性知识能够产出的，与可整除之美不同。所以也时时被称作“不完全之美”，或者“对完全的积极否定之美”。无论哪种都并非说明性的美，而常为暗示性的东西；并非明显表现在外的美，而是内里凝聚的美。这种内里生出的美，被赞作“素雅之美”。这不是制作者为所见者提供的美，而是所见者兀自寻到的美，因此所见者才是真正的创作者。在这层意义上，让所见者成为创作家的这种美，素雅之美，就是茶之美。

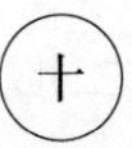

茶之美是无碍之美，这告诉我们那并非停滞于造作之美的东西。简单讲，茶之美并非作为之美，是从作为解放出来的自由之美。因其自由有着必然性，所以可称之为无碍之美。总之，就是纯粹的自由，而非以自由为目的的自由，是自生的自由，是自由本身。

初期茶器里所见到的形态的扭曲，与近代美术的变形，虽然有着相通之处，但也是存在根本性差异的。前者是必然的变形；后者是有意图的意识性的变形，即意识到奇数之美后，强行造作出的变形。然而初期的茶器，无论正常形态还是变形，都是无任何强求的自由形态。而且也并不因为自然的变形很美，而产生分别之心。是无须考虑自由的自由。但近代的自由形态，是积极标榜自由的，即由自由主义所倡导的自由。这种所谓自由，能称作真正的自由吗？被自由主义所囚禁的自由，正是不自由的证据。自由主义自身，其实是自相矛盾的。真正的自由本身，是不会标榜自由的。

因此茶器里所能见到的奇数之美，与近代所谋求的奇数之美，在性质上甚为不同。后者仅是目的性的工作而已。茶器的制作者与作品之间并非二元性的关系，所以是非目的性的。或者说是脱离目的性的更为恰当一些。一方是被变形所囚禁的变形，一方是不为任何所囚的必然的变形。因此在近代那些被自由的主张所束缚的自由，是很难被称作无碍之美的。无碍的世界里，哪需什么主张之类。有通融无碍这个说法，但自由主义里却没有这种通融，如若一切都加上主义一词，则无碍就不再存在。

这里产生了一个重要问题。近代的变形之美，虽是追求自由的结果，但至今仍未得到充分的自由。甚或可以说是变作了拘泥于自由的新的不自由形态。所以近代美术最大的一个弊害，就是在自由主张下的不自由，绝非无碍的变形。

令茶人们惊异的是什么？他们看到“单纯的自由”，感受到其中无限的美，并体味了其美的深邃。“数奇”一词是很含蓄的。不足却足的感觉便是茶境。他们在奇数中找寻着自由的样子。而这奇数，是不拘泥于奇偶的奇数，是必然的变形，而非造作的变形。理解这种区别尤为重要。

变形一词，有“不具备”的意思，所以用“不完全”来代替也是可以的；但如前文所述，不完全是完全的否定，而且难以脱离相对的意境。而真正的变形却超越了完全不完全的区别，因此是具而不备，抑或备而不具之物。单纯的“不具备”只能是次要的东西。

把这层关系最清晰明了地展示出来的，是初期茶器与中后期茶器的差异。我们看看茶碗的历史。最初几乎都是“舶来品”，特别是朝鲜茶碗占据了王座的地位。不过日本也开始尝试制作，于是“舶来品”逐渐随着历史的推移变作了“大和物”。也有历史学家把这种推移看做进化，但在我看来，可算作变化，离进化还差得远。因为两者的所谓奇数之美的性质全然不同，而后者是绝对未曾超出前者的。前者是无碍之心生成的必然之形的变形，后者是对完全的否定而生成的一种造作。最为浅显易懂的说法就是，前者是“自然之物”，后者是“做出来的”。把“井户”与“乐烧”拿来对比一番，便可明晰地感受到这些特性。没有不呈现作为的“乐烧”，也没有呈现作为的“井户”。一方从一开始就以雅器为制作目的，另一方却始终是杂器。想来雅器在杂器面前，对其自身地位应当是极有自我优越感的，但若从结果来看又会怎样呢?“井户”将会一直因其至美而居于上位。理由何在?

其实很简单。禅的教诲里有一句“切莫造作”，只要明白到底哪种更符合这句教诲，就能释然了。“乐烧”里有各种各样的故意，意图十分明显。在“乐烧”里地位最高的，是光悦的“不二”，连这件“不二”也同样无法消除其作为的痕迹。做出来的自由之美，是无法通透的。这样的作品起初可能会吸引人，但终究会不为人所喜，因为毕竟有着故意作为的性质。因此“乐烧”至今也没有充分展示出茶之美的本来面貌，至少直至今日“乐烧”在茶之美的问题上是找不到答案的。

所以从“高丽茶碗”到“大和茶碗”，即便算得上是历史的推移，也无法定义为历史的进步。自由反倒被“大和物”蒙上了一层阴翳，或许该改名称作低位自由、浑浊自由?如今偏偏以被束缚的姿态出现，只能是一个很大的矛盾。“乐烧”不是“无事”的，而始终是“有事”的。这便是“乐烧”的弱点。追求自由却被自由所缚。或者该算在意识上追求自由之美者的孽？“乐烧”若要成为真正的茶器，只能重新苏生踏上一段新的历史。意识一旦生成，道路便变得难行。必须要利用意识却朝不被意识束缚的境地前行，必须要利用造作却展示出不以造作而终的世界。这是难中之难。但作为创作家，必须直面这些问题。无论怎样，“乐烧”要自力更生，一定是困难重重的。与朝鲜茶碗等由他力而成就的一类，是决然不同的。

当今的自由形，就相当于是在追随“乐烧”。但徒然重蹈“乐烧”覆辙，只会加深谬误。以不自由的自由形为终结到底有何意义？自由形必须得更加自由才行，似是而非的自由算不得自由。在标榜自由的阶段，已经是不自由的了。我们不能把自生的奇数，与造出的奇数混为一谈。

因此，奇数之美，当其从奇偶中解放的那一刻才会显现其本来的美。真正的不匀称，也是从匀称不匀称中解放出来获得自由的那一刻才成为可能。如若还只局限于与不匀称相对比的境界，则算不上真正的不匀称。其本来的模样，在于两者未生，抑或两者相即。对不匀称的肯定，或对匀称的否定，都未曾触及到美的极致。而茶道则正是对这条真理的诠释。在此意义上，茶道有着充分的订正近代艺术自由性的力量。至上的美，其本身必定有着奇数之美的深邃。

日本之眼

一

东京的国立近代美术馆曾以《现代之眼》为题发表过月刊，还以同一主题举办了一次展览。

然而令人不解的是，仔仔细细看下来却发现全部都是“西方之眼”，就仿佛“西方之眼”才是“现代之眼”，“现代之眼”就是“西方之眼”似的，让人十分莫名惊诧。为何在日本的美术馆却不去标榜“日本之眼”呢？为何不去积极地用“日本之眼”去弥补“西方之眼”的不足之处，使之相辅相成呢？结果这家美术馆也只是尝试着改变了一下陈列方式而已，只不过追逐了一下近来西方的流行而已。作为日本的创意，实在匮乏。

如今我虽是卧榻之身，但也不忘于苟延残喘中奋起直书，且以《日本之眼》为题，以告世人。窃以为，日本应当对“日本之眼”有充分的自信，应当让其照亮世界。看似徒然大言不惭愚陋不堪，但我还是认为日本应当怀抱自信，以自己的方式走自己的路，这样的时期已然来临。“日本之眼”难道比“西方之眼”愚钝？难道实在落后卑下连“现代之眼”都算不上？在我的思考里，西方还未曾充分发展起来的一些锋锐而深刻的见解，在“日本之眼”里却已经相当丰富。而这也是我一直以来的看法，并非此刻才突兀提出。

日本自明治时代以来，已经从西方吸收了各种各样的营养，此外还有更多的东西等着我们去学习，特别是在东方起步较晚的科学领域。只是倘若落入科学万能的弊害之中，恐怕损失将会更大。同样，机械文明不一定能确保人类的幸福这点，也需要充分反思才行。美国是典型的机械文化发达的国家，但为数众多的美国人当今仍然非常不安与苦闷。近来在美国，镇静剂的生产与需要呈爆发性增长，成为这种病态社会现象的反映之一。所谓仓廪实而知礼节，然而如美国一般变得如此富有却仍然恶俗不堪的国家也甚少，连犯罪率都是世界第一，为何？

向外国学习很好，但若变作崇拜或追随，则不会再有文化的独立。“现代之眼”这种崭新的视角是值得夸耀的，但若只囿于“西方之眼”或者仅为凭借之物，则叫人实在难堪。我们为何非得看那些全都是所谓西欧式的“现代之眼”不可呢？日本人难道非得在对别人的模仿中度日不可么？完全没必要。明治以来已经近一个世纪，是时候抛开对西方的崇拜，甚或可以反过来让东为西用了。在我看来，有两个领域完全可以做到：一是大乘佛教的宗教思想，二是特质明显的东方艺术。两者都有很多西欧还未充分触及之处。最近欧美哲学家对“禅”大加推崇，便是一个不争的事实。前些日子我读到过这样一句话，是当今第一流的哲学家海德格尔所说：“倘若我能早些读到铃木大拙博士有关禅的书籍，那要得出今日的结论就不用那么费事了。”除禅以外，华严哲学以及在日本特别发达的他力思想等，对基督教文化来说也都是崭新的。在艺术方面，南画的空白美、书道的自在美、抽象美等，对欧美的影响已经能够明显看出。汉代、六朝的雕刻等所代表的深邃的东方美，今后将会越来越受人瞩目。宋窑无论在欧美的哪家美术馆都是热门的收藏与研究对象。

东方艺术所孕育的未来文化财产是繁多且广泛的。许多都是与欧美相对的东西。比如把罗丹的“思考者”与中宫寺或广隆寺的弥勒菩萨像来做个对比，则一目了然。即便姿态相近，也能明显看出前者苦闷、后者空寂。虽然都各自有其深意，但前者终究未曾展示出人心最终的归宿。“寂”的佛教理念，无疑是可以让欧美人进行自我内省的。

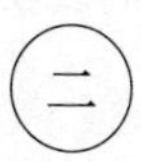

作为东方一角的日本，能为世界贡献什么呢？答案可以包括很多方面，在我看来最引以为豪的要属“日本之眼”。这是在背后有着充分传统支撑的锐利之眼。由此确立的对美的看法，是尤为值得瞩目的。

“西方之眼”大体上是源于“希腊之眼”。希腊一直以来所崇尚的是“完全的美”，希腊雕刻正是这种美的诠释。这也是与欧美的科学性理智相符的，是正确的能够整除的合理的美。写实、透视法在西方得以长足发展，也是因于这种合理性。如曼特尼亚[1]这样的画家在东方是不可能出现的。这样的正确美，我总称为“偶数之美”。而与之相对的“日本之眼”一直追求的，是“不完全的美”，我称之为“奇数之美”。在追求这种美的深切程度上，尚

①曼特尼亚：15世纪意大利的文艺复兴画家，在透视法上做过很多尝试。

无出日本国民其右者。

我曾经读过康定斯基的美学论，其中对日语“绘空事[1]”一词表现出了极为由衷的欣赏。实际上“绘空事”一词表现的才是真实之中的真实。这里的“绘空事”，指的是“不完全”是“奇数”。

原本自发性的“日本之眼”，可追溯到足利时代的能乐与茶道。“茶”的评论者也是各种各样，把“茶”当做过时的“美观念”而加以唾弃者有之，将之奉为“美学鉴赏之道”、赞其为绝无仅有的独创之物者亦有之。其内里是有着锐利而深远的东西存在的。这也促成了世上甚为罕见的所见方式的生成，而且对全体国民的生活产生了深厚的影响，成为当今人们的美之生活的基础。可以说，我们的美学教养，或多或少都来源于“茶”。正如文艺复兴时期的艺术受了意大利美第奇王侯的庇护一样，“茶”与“能”也因足利义政的保护而获得长足发展。他作为政治家大抵是无甚可圈可点之处的，但他热爱艺术，孕育了“东山文化”的阿弥一门，以及茶祖珠光[2]之名，都因他的

①绘空事：这是一个日文词汇。指绘画有美化与夸张，与实际不同；引申为现实不可能之事，是对空想的夸张性表述。

②珠光：村田珠光，室町时代的茶人、僧人。被认为是“空寂茶”的创始人。曾跟随一休修习参禅，得禅茶一味的体验，后受足利义政的知遇之恩。

支持而熠熠生辉。其后还有绍鸥、引拙之名留于世。另外，“茶”的背后还有一休禅师等禅僧的功绩，因此“茶”与佛教之缘极深。“茶禅一味”将美学鉴赏与宗教思想融洽地合二为一，这是在其他国家找寻不到的历史性事实。

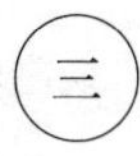

那么，这“茶之美”是以何为理念的呢？值得庆幸的是，它不是以抽象性的理智为标准的美，而是以茶室、露地、茶具等具体物为经常性媒介来欣赏的美。“空寂”、“闲寂”等，在“茶”之前的文学之中也能体味得到，后来又随着“茶”的繁荣成为一种可即物感知的具体而深邃的感受性美。所谓“寂”，并非只是寂寞。“寂”本是佛法用语，讲的是从各种执念中超脱的样子。遗弃自我、远离欲念、超越二元的终极之境，被称作“涅槃空寂”，回归涅槃空寂便是佛法大愿。而诠释“茶之美”的也是“空寂之美”，简单地说就是“贫瘠之美”，如今或可称“简素之美”。品味这种美的茶人叫做数奇者，“奇”指的是不足的样子，品味的是不足而知足的心之愉悦。

因此，“寂”的理念并非是去追求完全与正确。冈仓天心在《茶美》里将之称作“不完全的美”，久松教授更是称之为“对完全的否定美”。但我们无须去纠结完全不完全等二元论，“茶之美”是脱离了二元论的美，我甚至想借用禅语，将“茶之美”称作“无事之美”。即“平常之至的美”、“无碍之美”，是不必定义完全或不完全的“自在美”，这才是真正的“茶之美”。

茶器的形态里常见一种“扭曲”，这是一种对不受限定的自由形态的爱，而非强制性的扭曲，亦非脱离了必然性的扭曲。所以当后来出现故意制作这种扭曲的茶器时，也即是尝试造作性地否定完全之时，“茶之美”的本来面貌便开始逐渐消失。在我的思考里，真正的“茶之美”在茶人绍鸥前后就已然结束，直到茶人利久的时代，茶就只剩了几个既定的样式，开始了其漫长的堕落历史。对“茶”的执念，反倒遗失了茶的自在。真正的茶里应当看得到“茶之未生”。这看似一个矛盾的表述，但真正的茶就该存在于“茶以前”。在“茶以后”，茶人们开始去追逐那些故意的奇形，寻常的美便消失了，从而落入与无事相去甚远的造作之中。于是，“茶”的生命由此而终。近来西方的陶工们都急着去追求所谓“自由形”，但那也不过是“茶”以后的弊病被徒然反复了而已。这里面没有真正的自由。“日本之眼”所见的，是终极的“无事之美”。这种美学鉴赏在海外是没有特例的。近代的西方艺术，有执着于“有事”并推崇异常的倾向，因此心无所定，总是在悲苦、痛楚之中徘徊。这种美并非康健的美，而是病态的，甚或变态的。

四

在此想用一句话来总结一下茶器的特性。正如前文所述，歪斜扭曲与瑕疵并非令人讨厌的东西，这里面藏有的美是自由自在的。近代西方在意识上开始追求变形之美，而且近代美术几乎都是在追求着某种变形。然而“茶之美”在其四百年前就已经在追求变形之美了。对瑕疵也怜爱有加的“日本之眼”，在历史上是独一无二的。

俗话说过犹不及，当越过了某个度，则常态变异，最终导致与本来的意愿相悖。茶人的情况也是一样，故意毁坏器物去获得瑕疵，已是超越了应有的度。虽然其背后也是有着非同寻常的眼力的，但无奈在“茶”的所见上却出现了明显的弊害，应当予以警戒。不过对变形之美最早、最深的鉴赏，也是因于茶人，其创见力与洞察力，实在值得敬佩。而这传统，就潜藏在“日本之眼”里。漫长岁月的训练，已于无形中将之渗入日本人的内心。从而有了对“自在美”的敏锐鉴赏能力。变形，就是打破既定，就是对自由的追求。

我的知友众多，大都认为没有比日本人之眼更灵活的了。连从相当年轻的人中也能发现确切之眼的主人。利奇[①]曾经跟我说：“如果在日本的道具屋发现了好东西一定要即刻买下，否则第二天再去就没了。”这正是惊异于日本人的“所见之眼”的敏锐而说的一句话。原来英国人是善于在购入前再三考虑的。作为购买方式，这当然也无错，但另一方面也从世界人的视角衬托出了“日本之眼”之敏锐与快。缺乏合理性的日本人，或许一直在用直观来弥补生活。

这里有必要对何为眼力来做一下说明。谁都在看物，看的方法方式有很多，眼里所映出之物也各有不同。但哪种才是正确的呢？结论是纯粹地去看。很多人在所见方法上缺乏纯度。也即是说，他们不是单纯去看，而是在被思

---

①利奇：伯纳德·利奇，英国陶艺家、画家。曾经常访问日本，与白桦派、民艺运动关系密切。

考所支配的情况下去看。“所见”以外，还加上了“所知”的外力。

因为有名才去看，因为评论甚佳才去看，因为主义主张而去看，或者以自身经验为基准去看，总之难以单纯地去看。单纯去看，即“直观看物”。直观即如文字所示，在所见之眼与被观之物之间并无其他任何中介，是直接在看。但这么简单的事却着实很难办到。大多数人都会不知不觉地戴上有色眼镜。或者用概念去指指点点。单纯去看就好了，却拿出这样那样很多无谓的思考来看。总之做不到直接去看，于是导致看不见、看不清。有色眼镜之下是看不到原本的色彩的。眼与物之间，存在着不必要的中介物。这样当然无法做到直观。直观是即刻的所见。隔了一日已不算直观，而成为间接所见了。即刻、当下去见以外，是没有直观的。因为没有任何中介物的阻碍，是直下去看的，所以可简单称作“单纯地看”。单纯地看，便是直观。以禅语而言，即“空手受之”。

倘若以形来定义，则会发现所见之眼与所见之物是一个整体，或可说所见之眼即所见之物。因此，让所知在所见之前就发挥作用的人决不能说是“在看”。他只能在所知的范围内去看，无法成就全面的认识。知的理解与直观，大不相同。

另外，直观是无所谓时间的。因是“即刻”，所以不会有踌躇。旋即而定。而且因直观里没有踌躇，就不会有疑惑发生，所以会伴随着信念的生成。所见与笃信，甚为相近。

如此这般，日本人在直观看物上是有着特优素质的。正如前文所述，这或可说正是基于茶道的国民教养。国民总是因其国家的历史性、地理性环境而拥有各种特质。比如印度的“智”、中国的“行”、日本的“眼”，就是东方三大璀璨的特质。所以印度人擅长思索，中国人优于实行，日本人长于鉴赏。就西方来说，与日本相近的是法国，与中国相近的是犹太，与印度相近的是德国。只是德国的智在于哲学层面，而非印度的宗教层面。

虽然内里仍有很多矛盾，但如日本人一般特别喜欢在中意的器物中生活的国民怕是不多。其背后总藏着各种喜好。当然也有时会存在较为浅薄的、错误的东西，但总不忘了继续立了标准去选择。而这标准用最为浅显的话来说，就是“素雅”，已为绝大多数国民所熟知。这浅显易懂的一个词，不知已安全地替日本人找寻到了多少高度与深度俱佳的美。在选择上，让全体国民运用这样一个标准词汇去衡量，是多么令人震撼的一件事！这无疑是茶道最大的功绩。对于喜好华丽的人，喜好素雅则将令之反省，待年岁渐长时光沉淀以后，他们自己也将逐渐喜欢上素雅的好。近来的一些崇尚新事物的人或许会把素雅当做过时的美，认为那与新时代格格不入，但那只是素雅与他们格格不入而已，并非素雅自身的浅薄所致。

素雅在新旧二元之中是没有任何迷惑的，它已经超越时间，总是有新鲜的“真”潜藏其中。或可说是内里蕴藏着深邃的禅意，蕴藏着临济禅师的理念——“无事之美”。因这并非造作的美，所以并不随流行的变迁而有所变化。“日本之眼”有如此深厚的传统做背书，这在其他西方传统中是见不到的。因此“无事之美”为将来的文化提供新鲜血液的美，它有着十足的力量去弥补西方所缺之处。我们难道不该更主动地让“日本之眼”更加闪耀么？另外，把素雅作为美之标准的国民，在东方只有日本。在这点上，无论中国还是朝鲜都在美的鉴赏领域稍有落后。而赏识这两个文化先辈之国的真正之美的人，反倒是日本人。比如对朝鲜艺术尤为热心并尊崇的，实际上不是朝鲜人而是日本人。这也是因为“日本之眼”的鉴赏力所带来的结果。在此意义上，美术馆之类还应当更为主动地把

“日本之眼”发扬光大才好。无须借用“西方之眼”已足以独立完成工作。应当从“日本之眼”出发去整理其内容，这样的“世界之眼”才是能令众人瞩目、拍手称赞的。

民艺馆虽小，却也感知到了此番使命，于是毫不客气地运用着“日本之眼”。我们不会去追随西方，不会迷惑在所谓“现代之眼”里。或许也正是这个原因，到访民艺馆的外国客人总是络绎不绝。我们还想更进一步用“永劫之眼”来拓宽、加深“日本之眼”，这也并非不可能。“日本之眼”没有追随流行或随想的要素在内，它深深植根于佛法，是对“真”的直观展示。如若条件允许，将来我还想在欧美建立一座以“日本之眼”来做整理的美术馆。“日本之眼”的闪耀，是我们应当怀抱的一种文化史上的使命。

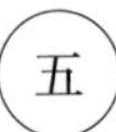

我在对“奇数之美”的理解上有过对“日本之眼”的洞察，这里还想就“素色之美”做一些阐述。西方在习惯上对“素色之美”的尊崇与欣赏甚少。比如以陶瓷器为例，西方大都是有纹样的，而且是多彩的。那些纹样色彩才是主角。然而“日本之眼”所追求的，在多数场合都是素色的，而且能在素色上感受一种终极之美。

这由来于佛教“空”的观念与“无”的思想。对素色的欣赏虽然是最为单纯的，但同时也是最为高度的。对这种素色的关心，随着茶道的发展而广泛地为世人所熟知。“空寂”、“闲寂”、“素雅”可以说，全都是对素色的追求。可能大家都注意到了，出产素色陶瓷最多的便是朝鲜，那并非是像日本一样源于对禅茶的教养，而是源于当地的历史与自然。只有一色的白瓷或黑釉器皿尤其多。在朝鲜全然见不到赤绘的繁荣，仿佛命数上已与色彩的世界无缘。所以服饰上也没有染物，国民们都身着白素衣。没有对鲜花的赏乐，甚至连玩具都甚为缺乏。不过，若要简单地把素色归结为对多彩的否定，则太过浅薄。那并非是用“多彩”来否定的“素色”，而是包含无限“多彩”的“素色”。正与能乐中所能见到的“静中有动，动中有静”一样。与拥有无限“富”的“清贫”也是同样。或可说是“空即是色”的具象表现。陶瓷是日本人所钟爱之物，而钟爱无釉或几近于无釉这种习惯，在西方确实极少见。喜爱茶碗的人总会习惯性地反过来看碗底，这里露出的多是无釉的粗糙部分，有无限的滋味蕴含其中。这也促成了对“梅花皮”等的欣赏。而这样的所见，在西方是看不到的。“茶”之中的美的理念，有“粗相”，有“闲味”。“粗相”是粗犷之相，在看似无味无彩的地方，却有着无尽的滋味。这里暗藏了“日本之眼”的锐利与深邃。茶人们给予了“备前[①]”、“伊贺[②]”极高的评价，正是因为从中能看到“粗相之美”。那些都是赤裸的陶瓷。此外对无釉无彩的外来品“南蛮”给予尊崇的，也是因于“日本之眼”的作用。西方的陶瓷贝拉明也有这种美。有意思的是，这贝拉明在两百年前就已经在日本被大加赞美了。

发现这些素色赤裸的陶瓷之美的，正是“日本之眼”。这里面没有任何特殊，有的只是本质性的东西。西欧的美学家们将来一定会对此深有感触的。正所谓“无味即真味”。再借用一句禅语，“非风流是也风流”。素色里反倒含有无限的纹样，而并非什么都没有。对素色之物，我在此作物偈三句相赠。

无文之文，则成文。

---

①备前：六古窑之一的备前烧。冈山县备前市周边出产的陶瓷器，不使用釉子，以氧化焰煅烧而成，因窑变生成的纹样各有不同。

②伊贺：古陶之一的伊贺烧，出产于三重县伊贺市。

绘文添文，则无文。

有文而无文，谓之文。

文指的是纹样。在描绘模样时不要忘记“素色之心”，需要彻底做到有文而无文。有文而无文之时，才有真正的文生出。忘记“无”而滞留于“有”，则无法触及更深。

茶器里“唐津”之类备受推崇，是因其素简的模样惹人喜爱。这里便藏有素色之心。而“仁清”的有色物，或者有纹样的茶碗之类，都可看做是已退居“茶”后一两步之遥的器物。茶人对“刷痕”尤为喜爱，能从中体味无尽的滋味。“刷痕”其实就是“素色纹样”，用刷毛毫无造作地画出白土一色的印痕，是全然自身的纹样，是毫无纹样的纹样。另外茶人对“曜变[1]”等物也极为推崇，而这也是“素纹”之物。素色无纹，实藏有无限之纹。“乐烧”之类的茶器，其实就在意识上追求着这种美。正如大家所知，“乐茶碗”大部分都是素色茶碗，釉子给其添加了无尽之纹。而茶碗的王者“井户”是没有纹样的，但实际却并非“没有”，釉子的浓淡、辘轳印痕等给其添加了无尽之纹。

①曜变:是以“曜变”为名的天目茶碗的名器。

在“日本之眼”注视下的茶器，原则上都是素色的。而东方的这种“无”之美，应当更广为人知。将来西方一定会从中受益良多。如若不喜“无”字，可以简单地称之为“素简”。还可将之比作宗教上的清贫之德。没有超出这种清贫的富有。“素色之美”指的便是这种“清贫之美”。而“粗相”、“闲味”之类也都是形容这种清贫之美的词。

我从没有任何贬低西方陶瓷器的纹样性之意，那也自有其精彩之处。只是从“日本之眼”所见的纹样之中，出类拔萃的还是有着素简性质的那些器物。当“无”的要素在深处伫立时，其美则变得更加深邃。仅仅显得热闹的纹样是浅陋的。可以说，“无”的要素在内里蕴藏的多寡，便是断定其纹样高低的标准。素简通常是美的最为深奥的理念。“日本之眼”应以“无之美”作礼物，赠予西方。素简的美学所背负的使命很重。这将与奇数的美学一道，成为由“日本之眼”所发现的美的幽深之处。西方人也一定会在将来从中找到无限的、新鲜的真理。让“日本之眼”闪耀，是我们的骄傲与使命。为之努力吧！

译后记

“读者应当透彻地了解那些美到底是怎样生成的。”

我们平素会见到无数物什，有些是美的，有些是丑的；有些被以为是美的，有些被以为是丑的。但怎样才是真正的美可谓众说纷纭，各有各的视角与看法。本书从茶、茶器、茶道为出发点，将读者引入一个“法于自然”的简而纯的美学世界，让读者明白美到底是什么，又是怎样生成的。

本书作者——发起民艺运动的思想家、美学家、宗教哲学家柳宗悦（1889—1961），毕业于东京帝国大学（现东京大学）哲学专业，其后受美国诗人沃尔特·惠特曼“直观”思想的影响，并逐渐形成了立足于艺术与宗教的独特柳式思想。作为最初提出“民艺”这一概念的思想家，柳宗悦一直遵循“法于自然”的理念，无论是在收藏上，还是在学术思考上。

柳宗悦认为，“器物有着自然的加护，器物之美便是自然之美”。美术作品是极少数天才创作家的个人成就，而民艺的创作者却是无名大众。与用于鉴赏的纯粹的美术品不同，民艺是以生活为目的的。无名大众在民艺的创作中与土地自然深交，于是作品便有了归依自然的属性。所以民艺是有着自然之美的器物。作为民艺之一的茶器，也不例外。

“般若偈语有言：‘般若无知，无事不知。般若无见，无事不见。’而这种般若无知，正是‘井户茶碗’里蕴藏的东西——不知美而拥有美。”这种美，是自然之美与禅之美的完美融合，是终极之美，是需要大智慧才能发掘的美。然而令柳宗悦怅然的是，“当今很多人已经平凡到只会从非凡中去看非凡了”。

创立茶道的茶祖们拥有从平凡中看非凡的眼力，所以能从看似毫不起眼的杂器之中发掘出璀璨的“井户茶碗”。而这种发掘，是一种再创作。正因为他们拥有从平凡中看非凡的眼力，所以“井户茶碗”得以诞生，得以从杂器之中脱胎换骨，成为登堂入室的茶器，从而改写了茶道历史。他们所达到的高度，是后世茶人绝难以企及的。因为后世茶人，大都只能从非凡中去看非凡罢了。

柳宗悦的美学思想是十分明确的，话语是极为犀利的。他的文章不仅警示了半个世纪以前的柳宗悦时代，即便当今的人读来，也同样会有切肤之痛感。比如说茶："如今的'茶'里，的确缺乏自在。被意图所囚禁、为雅致所捕获、在作为里沉沦、于金钱之中堕落，竟没一处有无碍之境的意味。"这话就好似当头一棒。无论是当今的日本茶道中人，还是国内的茶艺人，大抵读到此处都该扪心自问一遍，到底是哪里错了？要摆脱造作，通达无碍之境，很难；要让茶人们意识到当今之"茶"的陋习与不足，也很难。所以，只能用辛辣之语当头棒喝。

茶，不简单；美，不简单。茶与美，更不简单。要读懂此书，需要耗费读者的一点儿脑细胞。《茶与美》的阅读之旅，是一次难行的精神之旅，是一场太过丰盛的思想盛宴，感谢每一位读到此处的读者！感谢每一位热爱茶、茶器、杂器与美的读者！作为译者无比荣幸。希望本书的刊行，能为浊世带来一股别样的清流。

最后借此机会郑重感谢重庆出版集团所给予的这次翻译机会，感谢魏雯老师、许宁老师、邹禾老师在翻译工作中的悉心指导以及为本书的顺利刊行所付出的大量心血。特别是魏雯老师，悉心收集了柳宗悦各类出版物之中几乎所有有关茶与美的篇章，使得本书更为厚重与完美。感谢诸位读者的不离不弃。

欧凌

书于2018年春

柳宗悦年谱

1889年	0岁	三月二十一日出生于东京市麻布区市兵卫町二丁目十三番地。父亲海军少将柳楢悦,母亲(旧嘉纳氏)柳胜子。
1895年	6岁	四月,学习院初等科入学。
1908年	19岁	学习院高等学科入学。师从英文老师铃木大拙、德语老师西田几多郎。在《辅仁会杂志》上以蒭荛为名发表《神圣勇士》。
1910年	21岁	与志贺直哉、武者小路实笃、木下利玄一同,于洛阳堂创办《白桦》杂志。此后十余年几乎每期都曾执笔论文或随想。
1911年	22岁	学习院高等学科毕业,拜领御赐钟表一只。同年考取东京帝国大学文科大学哲学科。于籾山书店,刊行首部单行本《科学与人生》。

1913年	24岁	东京帝国大学文科毕业。专攻心理学,毕业论文《心理学乃纯粹科学》。
1914年	25岁	二月,与声乐家中岛兼子结婚。于洛阳堂刊行《威廉·布莱克》。九月,移居千叶县我孙子。
1915年	26岁	长男宗理出生。第一次朝鲜旅行。
1919年	30岁	就任东洋大学宗教学教授。二月,于丛文阁刊行单行本《宗教与其真理》。在杂志《艺术》上发表《有关石佛寺的雕刻》。
1920年	31岁	五月,在《读卖新闻》上发表《朝鲜人随想》一文。于春阳堂刊行《白桦园》。
1921年	32岁	就任明治大学预科伦理学与英文讲师、女子英学塾伦理学教授。一月,发表《朝鲜民族美术馆设立趣意书》。在新潮社所发行的《现代三十三人集》上发表《陶瓷器之美》。于丛文阁刊行《宗教的奇迹》。三月,从千叶县我孙子移居到东京市赤坂区高树町十二番地。五月,在东京流逸庄举办"朝鲜民族美术展览会"。
1922年	33岁	出版《朝鲜的美术》。九月,于丛文阁出版《朝鲜与其艺术》。在杂志《改

		造》上撰文《为了挽救朝鲜建筑》。《陶瓷器之美》刊行。杂志《白桦》推出一期朝鲜特辑。
1923年	34岁	正月，首次在甲州发现木喰上人所作木雕佛。卸任东洋大学教授职位。七月，于《大阪每日新闻》社刊行《论神》。九月东京大地震，长兄悦多遇难。东京赤坂高树町的房屋塌损。
1924年	35岁	卸任明治大学、女子英学塾讲师、教授职位。四月，在朝鲜京城府缉敬堂开设"朝鲜民族美术馆"。同年四月移居京都市上京区吉田下大路。五月，《陶瓷器之美》被选入教科书《现代文学读本》。六月，访问木喰上人的故乡甲州八代郡丸畑，发现重要史料。秋，实地调查旅行。杂志《女性》自九月号起七期连载《木喰五行上人的研究》。浜田庄司从英国归国。与河井宽次郎成为挚友。
1925年	36岁	移居京都市吉田神乐丘。就任京都同志社女学校教谕。三月，杂志《木喰上人的研究》第一期出版。七月，研究大作《木喰上人作木刻雕》三百部限定版出版。八月，出版《木喰五行上人略传》。十二月，于警醒书店

		刊行《信与美》。
1926年	37岁	就任同志社大学英文科讲师、关西学院英文科讲师。一月，与河井、浜田两位去高野山旅行，创“民艺”一词。提出“日本民艺美术馆设立”计划。四月，发表《日本民艺美术馆设立趣旨》。九月，给《越后时代》寄稿一篇，《粗物之美》。于木喰五行研究会刊行《木喰上人和歌选集》。
1927年	38岁	二月，发表《有关工艺协团的一个提议》。四月，在杂志《大调和》上发表《工艺之道》，连载九期。六月，于东京鸠居堂举行“第一届民艺展”。于工政会刊行《杂器之美》。工艺作家团体“上加茂民艺协团”诞生。
1928年	39岁	三月，在上野博览会上出展小家屋“民艺馆”，其后移至大阪山本为三郎氏府邸内，称“三国庄”。七月，在朝鲜京城府缉敬堂举行“朝鲜陶瓷器展”。十二月，于“古罗利亚社”出版《工艺之道》。
1929年	40岁	卸任同志社大学及关西学院讲师。三月，于万里阁刊行《工艺美论》。举行“京都民艺展”，京都大每会馆主办。四月，发行《日本民艺图录》。于

工政会出版《初期大津绘》。由兰登·沃纳推荐，任美国哈佛大学讲师。在访问法国、德国、瑞典、英国之后，八月入美，于哈佛大学福格艺术博物馆讲授“佛教美术”与“美的标准”。

1930年　41岁　七月归国。游历欧美途中的各种通信、私信、印象记刊登在《大阪每日新闻》《越后时代》《读卖新闻》，以及杂志《改造》《文艺春秋》等上。与寿岳文章氏联名发表《布莱克与惠特曼》的刊行意向书。

1931年　42岁　就任《大阪每日新闻》社学艺部客员。一月，月刊杂志《工艺》开始发行。其后不间断发行一百二十期。同时月刊《布莱克与惠特曼》发行出版，共连续发行两年。

1932年　43岁　正月，《工艺》第十三期出朝鲜陶瓷特刊。

1933年　44岁　一月，在京都出版《民艺的趣旨》，四月出版《有关收藏》。两者均为私版。三月，在东京高岛屋举行“新兴民艺综合展”。五月，从京都迁居东京小石川区九坚町。

1934年　45岁　本年在日本全国旅行，包括奥羽、东北、中部、山阴、山阳、四国、九州各

		地。就任日本大学艺术科讲师。在东京高岛屋首次举行“日本现代民艺品大展”。
1935年	46岁	一月,移居目黑区驹场町。卸任《大阪每日新闻》社客员。三月,于章华社出版《美术与工艺之谈》。五月,大原孙三郎为筹备民艺馆捐赠十万日元。八月,日本民艺馆始建。
1936年	47岁	一月,日本民艺馆上梁仪式。四月,于“国展”上首次会晤栋方志功。五月,与河井宽次郎、浜田庄司一同前往朝鲜。十月二十四日日本民艺馆开馆,就任馆长。四月私版《茶道随想》出版。
1937年	48岁	就任国际女子学园讲师。五月,与河井宽次郎、浜田庄司一同去朝鲜全罗北道旅行。六月,在东京发行私版《美之国与民艺》。
1938年	49岁	三月,《工艺》第八十二期刊行《朝鲜现在民艺》续辑。四月,在东京高岛屋举行盛大的“朝鲜现代民艺展”。十二月,应冲绳县学务部邀请,进行第一次冲绳旅行。
1939年	50岁	一月,第一次冲绳旅行结束回京。四月第二次去往冲绳,与民艺协会同仁

		前后渡岛,并致力于调查、勤学、制作、指导,同时购入大量收藏品。十二月三十一日,第三次冲绳旅行。
1940年	51岁	一月,第三次冲绳旅行结束回京。就任专修大学教授。七月,第四次冲绳旅行。十月,中国北京旅行。十一月,为庆贺皇纪二千六百年,举行三大展览会。一、琉球工艺文化展(于民艺馆);二、琉球风物写真展(于银座三越);三、日本生活工艺展(于民艺馆)。文化电影《琉球民艺》与《琉球风物》首映。
1941年	52岁	六月,于昭和书房出版《民艺》丛书第一部《何为民艺》。在民艺馆邀请基督教有关人士,召开两次“宗教与工艺”恳谈会。七月,于牧野书店刊行《茶与美》,并成为推荐图书。八月,于创元社出版《工艺》。于昭和书房刊行《民艺》丛书第二部合著《琉球的文化》。
1942年	53岁	一月,于文艺春秋社出版《工艺文化》,成为推荐图书。七月,私版《工艺之美》出版。执笔《工艺》第一百一十期,以《民艺馆的工作》为题。六月,于不二书房出版《我的愿望》。九月,私版《美与图案》出版。作为工艺

		选书的《蓝绘小杯》刊行。十一月，工艺选书《雪国蓑衣》，《民艺》丛书合著《琉球陶器》《现在的日本民窑》等出版。
1943年	54岁	工艺选书《日田的皿山》出版。三月至四月周游台湾，收藏大量蕃布。十月，工艺选书《木喰上人的雕刻》《诸国茶壶》出版。新版《信与美》刊行。
1944年	55岁	私版《和纸之美》刊行。
1945年	56岁	三月，战争酷苛，日本民艺馆临时闭馆。九月，大病。十二月，民艺馆再度开馆。
1947年	58岁	一月，《工艺》复刊，出第一百一十五期。三月，因占领军接收，民艺馆曾一度闭馆，斡旋十余日后四月一日再开。七月至八月，与铃木大拙博士一同前往北陆旅行演讲。十二月十日皇太后出行。小册子《民艺馆指南》由民艺馆出版发行。
1948年	59岁	三月，受铃木大拙博士依托，任松冈文库理事长。七月至八月，居于越中城端别院。十一月，在京都相国寺举行日本民艺协会第二届全国协议会。于靖文社刊行《民与美》上下两卷。

1949年	60岁	三月二十一日，花甲纪念出版《美之法门》。
1950年	61岁	九月，于京都大谷出版社刊行《妙好人因幡之源左》。
1951年	62岁	杂志《大法轮》第八期发表第一篇《南无阿弥陀佛》，此后连载二十一期。
1952年	63岁	五月三十日，与志贺直哉、浜田庄司一同作为文化使节，由《每日新闻》社派遣至欧洲。
1953年	64岁	寄稿一篇《利休与我》至春秋社所发行的《茶——我的看法》。
1955年	66岁	六月，杂志《心》发表《奇数之美》。十月，于大法轮阁出版《南无阿弥陀佛》。杂志《在家佛教》发表《物与法(上)》。尝试举行第一次茶会。
1956年	67岁	一月，杂志《在家佛教》发表《物与法(下)》，在归一协会刊行的《归一》上发表《寂之美》。三月，监修杂志《民艺》的三月号《茶道特辑》。举行第二次茶会。八月，将所有收藏品都收归仓库。九月，杂志《心》发表《古代丹波之美》。私版《丹波古陶》出版。十月，民艺馆举行二十周年纪念特展《丹波古陶展》。十二月，试开一次咖

		啡洋茶会。十二月十七日,病倒入院。
1957年	68岁	重病中。一月,杂志《在家佛教》发表《茶之功罪(上)》。三月,杂志《禅文化》发表《井户与乐烧》。七月,病体稍有康复,重新开始执笔。八月,小册子《浴》登载《一遍上人与显意上人》。十月,私版《无有好丑之愿》出版。十一月,获文化功劳奖。十二月,杂志《心》发表《日本之眼》。
1958年	69岁	一月,杂志《心》发表《光悦与浜田》。英文杂志《亚洲场景》与杂志《随笔》发表《瑕疵之美》。在杂志《大法轮》上发表《佛教美学的悲愿(之三)》。疗养中继续笔耕不辍。六月,所有著作权全部转让给日本民艺馆。七月,《栋方志功版画》《民艺四十年》刊行。十月,日本民艺馆举行"日本新选茶器展"。《茶之改革》刊行。
1959年	70岁	三月,日本民艺馆举行"古丹波展"。五月,《心偈》刊行。
1960年	71岁	一月,获朝日文化奖。《民艺图鉴(一)》刊行。岩波电影制作《相伴民艺五十年》。开始刊行《柳宗悦宗教选集》。三月,《美之净土》刊行。四

月,《大津绘图录》刊行。七月,在馆内迎接皇太子及皇太妃殿下。

1961年	72岁	一月,《民艺图鉴(二)》刊行。三月,《法与美》刊行。四月,《船橱》刊行。同月二十九日旧病复发,进入昏睡状态。五月三日过世。五月七日,日本民艺馆葬礼。法名不生院释宗悦。葬于小平陵园。

北大路鲁山人《陶说》

“将自己的一切都投入进去，和泥土一决高下。”
日本国宝级艺术家北大路鲁山人经典作品

在日常生活中，明白什么是美，什么是雅，
并将其带入到自己生活中的人，
即使是过着贫穷的生活，内心也是富有的。
我想让这个世界变得更美，哪怕只是一点点。
我的工作就是这种愿望的小小表达。

——北大路鲁山人

柳宗悦《收藏物语》

日本民艺之父、著名美学大师柳宗悦
数十年收藏心得与奥妙

收藏,是对器物的一种情爱。
搜集者总会在器物之中找到“另一个自己”。
而所集之物,一件件都是自己的手足兄弟。亲人们都在这里邂逅,
可以察知自身与所集之物之间,有一种深远的因缘。
从自己的收藏里,收藏家可以看到自己的故乡。
若是从来不曾与之相逢,那该有多悲凉。
追求之心,没有终点。

——柳宗悦

柳宗悦《**物与美**》

日本民艺之父、著名美学大师柳宗悦
分享日本传统文化和美学精髓

如果想要提升自己的鉴赏眼光,
首先就要学会抛弃一切束缚,
这段学习的过程就仿佛宗教的修行。
如果做到了这一点,
美就会在你眼前无所遁形。

——柳宗悦

柴田炼三郎《**眠狂四郎无赖控**》

对古龙影响极大的日本时代小说名家柴田炼三郎!
陆小凤、楚留香之形象原型——眠狂四郎
日本剑豪小说的里程碑式巨著!

狂夫明月下
沉醉不成欢
猛气依何散
剑鸣孤影寒
——《狂四郎月下吟》

井上靖《**淀君日记**》

她美艳不可方物，集万千宠爱于一身，
她飘摇于乱世之中，身边的亲人一个个离去，
而她，却嫁给了屠尽家门的仇敌——丰臣秀吉，
为他诞下权力的继承者，站在了权力的巅峰。
她是当权者秀吉的附属物，是德川家康的眼中钉，是世人眼中的恶女……

而世人都忘了，她不过是个女子，
她要与那不可预知的未来为敌，
她要活下去，直到城里的天守阁被烧为灰烬，直到非死不可的境地……

井上靖《**风林火山**》

他形容猥琐，一目浑浊，一足残疾，却生就敏锐的洞察力与缜密的思维；他前半生寂寂无名，五十岁后被武田信玄拜为军师，一朝平步青云，百战不殆。然而，在野心和偏执的深处，却始终有一位女子的身影挥之不去。

天文十四年(1545年)正月，武田信玄挥师讨伐诹访。城破当夜，山本

勘助独自步入熊熊燃烧的大厅，出现在他面前的，是诹访赖重女儿由布姬失神的双眼。那年，他五十二岁，她十五岁。

永禄四年(1561年)九月十日，信浓川中岛喊杀声地动山摇，刀枪剑戟遮云蔽日。勘助置身战场，迎来了他一生中最为平静的时刻。此时，他六十八岁，而她已经去世六年……

恋慕，犹如飘零之花瓣；吾心，犹如暗淡之森林。谋略筹划、征战杀伐，全为了一场跨越半生不知所措的守望。

安部龙太郎《**等伯：金与墨**》

直木奖获奖作品
日本画圣长谷川等伯为梦想倾尽全力的奋斗史

他是一介乡下画师，已过而立之年，
他想去往京城，与御用画师狩野永德一决高下，成为天下第一的画家。
是青云之志，还是痴心妄想？
是平凡地过一生，还是放手去追逐梦想？
长谷川等伯无法预知未来会有怎样的挫折在等待着自己，
但他知道，唯一能做的，就只剩下勇往直前……

山本兼一《**寻访千利休**》

他被日本人奉为“茶圣”，获封“天下第一茶人”，得天皇赐名“利休”。
六十岁时，他侍奉关白丰臣秀吉，盛名如花，从者如云；
七十岁时，他与后者决裂，被勒令切腹。
秀吉曾言，只要他肯低头妥协，便可免于一死，

可是，千利休没有丝毫妥协的道理，
只因为，这是一场与“美”有关的论战，
而他发誓要让天下人见识到“至美”的深渊：

美，与权力无关，
美，与生死无关。

在人生最后的茶席上，
他阖上眼帘，黑暗中浮现出一张女人的脸庞。
很久以前的某一天，他让女人喝了茶。
也是从那一天起，千利休的茶之道，开启迈向“寂”的异世界……

司马辽太郎《幕末》

他们是普通的下级武士，却胸怀“天下兴亡，匹夫有责”的大义，抛却故土，远赴他乡。他们化身刺客，隐身暗处，挥舞手中长刀，不惜双手染血，唯愿在列强环伺中救国于危难。

安政七年(1860)三月三日，大雪。与美国人签订通商条约的幕府大老井伊直弼，在进城觐见将军途中，被刺客暗杀于江户城樱田门外。随后，开国主张被一片“攘夷”之声淹没。武士们纷纷请缨，誓要将外国人赶出日本。

明治元年(1868)正月十五日，取回政权的明治天皇昭示天下：与友邦建交，乃国际公理，需妥当处置，望万民谨记。此举掐断了企盼“攘夷”的武士们最后的希望。他们，成为了可悲的弃子。

暗夜中的刀光绽放，一曲鸟尽弓藏的武士绝响！

山茶碗

高7.2cm　直径15.5cm　镰仓时代(13世纪)

灰釉大井户茶碗

高 10cm　直径 15.6cm　陶器　李朝（16 世纪）

草纹碗

高 5.2cm　直径 11.5cm　陶器　李朝（16 世纪）

陶碗

高6.5cm　直径176cm　李朝(16世纪)

拭漆单嘴钵

高12.6cm　直径19cm　木制　李朝

熊川茶碗

朝鲜时代(16世纪末期—17世纪前期)

丹波壶

江户时代